文物保护基础理论及先进技术丛书

皮革文物保护研究

Research on the Conservation of the Archaeological Leather

张 杨 / 著

中国科学技术大学出版社

内 容 简 介

本书系统介绍了皮革文物在保护与修复方面的研究成果。全书分为十章,内容涉及皮革文物制作工艺、皮革文物劣化特性表征、皮革文物劣化成因及劣化机理、皮革文物保护技术等。本书以皮革文物保护的基础研究为重点,强调理论与实践相结合,重点介绍了皮革文物种类鉴别、病害评估、保护材料与工艺、保护效果评估等系列研究成果。

本书可作为皮革文物保护修复研究人员的参考用书。

图书在版编目(CIP)数据

皮革文物保护研究/张杨著. —合肥:中国科学技术大学出版社,2020.10
(文物保护基础理论及先进技术丛书)
ISBN 978-7-312-04873-9

Ⅰ.皮… Ⅱ.张… Ⅲ.皮革制品—文物保护—研究 Ⅳ.①TS56 ②K876.94

中国版本图书馆 CIP 数据核字(2019)第 299984 号

皮革文物保护研究

PIGE WENWU BAOHU YANJIU

出版	中国科学技术大学出版社
	安徽省合肥市金寨路 96 号,230026
	http://press.ustc.edu.cn
	https:∥zgkxjsdxcbs.tmall.com
印刷	合肥华苑印刷包装有限公司
发行	中国科学技术大学出版社
经销	全国新华书店
开本	710 mm×1000 mm 1/16
印张	11.25
插页	6
字数	203 千
版次	2020 年 10 月第 1 版
印次	2020 年 10 月第 1 次印刷
定价	100.00 元

前　　言

　　皮革文物蕴含着历代先人的智慧，承载着传统文化的精髓，传递着中华文化的重要信息，是中华文明的珍贵实物证据，是我国文物的重要组成部分。在墓葬环境和大气环境影响下，皮革文物极易腐烂，不易保存。残留于世的皮革文物往往糟朽严重，存在不同程度的病害。此外，受保护条件、保护人员、保护技术等多方面因素的制约，这些珍贵的皮革文物若在出土后得不到及时、有效的保护，将面临损毁危险。因此，如何保护好皮革文物一直以来都是文物保护工作面临的重大难题。

　　本书以皮革文物为研究对象，在调研大量文献的基础上，采用光学显微镜（OM）、扫描电子显微镜（SEM）、红外光谱（FTIR）、核磁共振波谱（NMR）、热重红外联用（TG-FTIR）、热裂解气相色谱质谱联用（Py-GC/MS）等多种分析技术，从皮革的材质、组成成分、微观结构、理化性能等方面对皮革文物的制作工艺、劣化特性以及劣化机理进行了系统、深入的研究，并在此基础上研发了适用于皮革文物保护修复的材料和工艺。

　　辨识皮革文物的材质种类是保护研究的基础，是对皮革文物价值认知的关键步骤。本书介绍了两种鉴别皮革文物材质种类的方法：一种是红外光谱结合扫描电镜法，根据皮革的红外光谱特征吸收峰以及不同种类动物皮的毛孔、纤维束和胶原纤维编织层所具有的形貌结构特征，来鉴别皮革文物的材质种类。另一种是生物质谱法，采用生物质谱技术，从胶原蛋白的一级结构入手，通过蛋白的多肽分布信息和特定氨基酸残基翻译后修饰信息，结合蛋白质的高级结构特性，对皮革文物的材质种类进行鉴别。

精准识别文物病害、界定文物损坏类型、掌握文物缺陷的程度和范围，了解文物的劣化机理，是对文物实施保护的前提和基础。本书在观察皮革文物表面形貌特征的基础上，对皮革文物的微观结构进行了研究，表征了皮革文物的劣化特性以及现代皮革和古代皮革胶原蛋白的化学特性，从分子层面阐述了胶原蛋白、单宁、油脂以及水分等在皮革文物劣化过程中的作用机理，为科学评估皮革文物的保存状况及后期的保护修复奠定了基础，为文物预防性保护提供了依据。

我们针对脆弱糟朽的皮革文物，制备了与皮革具有同源性的皮浆作为加固材料，并对材料的机械性能、防霉性能进行了测试。在人工老化皮革模拟加固实验的基础上，又对加固效果进行了综合评估。研究结果表明，皮浆能补充糟朽皮革中流失的胶原蛋白，一定程度恢复胶原蛋白三股螺旋结构，在提高胶原蛋白结构稳定性的同时，皮革的热稳定性以及物理机械性能也得到了改善。通过实验研究，获得了适宜糟朽皮革加固的最佳方法和材料配比。针对硬化皮革文物，通过采取软化、补水、加甘油、加脂等保护处理方法，有效改善了硬化皮革文物的柔软度、弹性等机械性能，取得了一定的保护效果。

本书对皮革文物的制作工艺、劣化特性以及劣化机理的综合研究为皮革文物的保护奠定了基础，研发的材料和工艺为糟朽皮革文物的加固保护提供了切实可行的方法，为改善硬化皮革文物的物理机械性能提供了解决方案。本书研究成果有助于提升皮革文物保护修复水平，可用于皮革文物的保护修复，使糟朽脆弱的皮革文物得到及时有效的保护，对于历史文化的传承具有非常重要的意义。同时，本书的研究思路和方法为蛋白质类文物的保护修复提供了借鉴与参考。

张　杨

2020 年 1 月

目　　录

皮革文物保护研究

第1章

皮革文物保护研究进展

⊙ 皮革文物的种类与分布

⊙ 国内外研究现状

　　人类对动物皮资源的开发利用有着悠久的历史，皮革制作是人类最古老的传统手工业之一。皮革制品被广泛用于人类生产和生活中，其在人类服饰中的应用比丝、棉、麻更加久远[1]。早在40万年前，北京人就学会使用打制石器狩猎，"食其肉而用其皮"。5万年前的山顶洞人使用磨制的骨针对兽皮进行缝制加工[2]。在近东1万年前的新石器时代，先民对猪、牛、羊等野生动物进行驯养，并开始对动物皮加以利用[3]。瑞士阿尔卑斯山冰川中发现距今5300多年的冰人奥兹，身上穿戴了羊皮、牛皮、鹿皮等多种经过鞣制加工过的动物皮毛制品[4]。在新疆罗布泊西部古楼兰国境内还发现了约4000年前制作精巧的反毛羊皮靴[5]。

　　中国商代甲骨文和金文的"裘"字，殷周时代戌革鼎上的"革"字都是早期关于皮革的文字记载。战国时期篆书和隶书中的"硝"和"矾"则记载着制作皮革时使用的材料——芒硝和明矾[2]。最早系统记录我国手工业生产技术的专著《考工记》中记述了皮革加工包含五个工种——"攻皮之工五"，即"函、鲍、韗、韦、裘"，并专门介绍了"函人"和"鲍人"的工作。"函人"负责制造皮甲，"鲍人"为鞣制皮革的工官或工匠[6]。由于皮革制品和制革工业与统治阶层的生活享受和军事有密切联系，因此，历代统治者都设有专门掌管毛皮与制革的管理部门。唐朝设立了管理毛皮作坊以及马辔、甲胄等御用品的右尚书，宋朝设立了皮角场。为了军事需要宋朝初年就设置了制革厂，元朝设置了甸皮局[2,7]。

　　皮革文物是人类在认识和改造自然过程中留下的宝贵财富，它记载着人类历史的发展，见证了社会文明的进步，与人类生活息息相关，对于古代皮革制作工艺、历史自然环境、贸易交流、年代鉴定以及文化发展水平的研究有着重要意义,具有很高的历史、艺术和文化价值。

1.1 皮革文物的种类与分布

我国在考古发掘工作中出土了大量皮服、皮靴、皮手套、皮带、皮囊、皮甲胄等古代皮革制品(图 1.1),分布于全国大部分省市(表 1.1)[8-13]。这些珍贵出土皮革文物时间跨度长,种类繁多,分布区域广,极具地方特色,主要分为服饰、生活用品和武器装备三类,是古代服饰文化和兵器的实物佐证,蕴含着古代文化、艺术、科技等多方面的历史信息。国外皮革文物的类别主要有用作书写材料的羊皮纸、书面革、其他生活用品和武器装备,著名的有《死海古卷》、美国《独立宣言》、阿尔卑斯山冰人奥兹穿的皮鞋等。

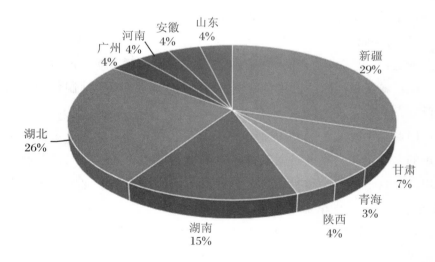

图 1.1 中国出土古代皮革制品分布图

表 1.1　中国出土古代皮革制品的地域分布和年代

出土地点		名称	年代
新疆	铁板河古墓	短靴	距今约 4000 年
	小河墓地	短腰皮靴	距今约 3800 年
	哈密五堡古墓	皮靴	距今约 3000 年
	塔里木盆地扎洪鲁克古墓	薄底软皮靴	距今约 2600 年
	鄯善苏贝希古墓	连腿皮靴	距今约 2000 年
	楼兰孤台古墓	内套毡袜的革靴	汉代
	尉犁县营盘古墓	彩绘纹饰靴	魏晋南北朝
	克孜尔千佛洞	皮鞋	唐代
甘肃	敦煌悬泉置古遗址	皮鞋	汉代
	武威磨咀子汉墓	皮制马胸勒	汉代
青海	青海都兰热水土番墓	皮靴、皮条、皮装饰物	唐代
陕西	西安秦兵马俑一号坑	秦盾	秦代
湖南	长沙楚墓	革履	春秋战国
	长沙浏城桥 1 号墓	皮甲	春秋战国
	湘乡牛形山 2 号墓	漆皮甲	东周
	益阳新桥河 10 号墓	漆皮甲	东周
湖北	随县曾侯乙墓	皮甲	东周
	江陵拍马山 5 号墓	皮甲	东周
	江陵天星观 1 号墓	皮甲	东周
	江陵藤店一号墓	皮手套	战国
	江陵官田 89 号墓	皮杯	战国
	荆门包山 2 号墓	皮甲	东周
	夏家台 M258 号墓	漆皮甲、皮腰带、皮杯	战国
广州	南越国宫署遗址	皮甲	东晋南朝
河南	南阳市楚彭氏家族墓	漆皮甲	春秋
安徽	六安白鹭洲 M585 号墓	漆皮甲	战国
山东	沂源东里东村 M1 号墓	皮囊	战国

　　按照出土时的保存状态,皮革文物可以分为干燥皮革和饱水皮革两类,这

两种状态分别对应了不同的埋藏环境。北方地区（新疆、甘肃等地）墓葬出土的皮革文物一般处于干燥环境中，由于水分、脂类等物质流失，皮革硬化，发脆易裂（图 1.2）。南方地区（湖南、湖北等地）墓葬出土的皮革文物大多处于潮湿环境中，往往糟朽严重，触之即烂，失水后易硬化产生形变（图 1.3）。

图 1.2　干燥皮革（新疆龟兹唐代皮鞋）

图 1.3　饱水皮革（湖北荆州战国皮革）

1.2　国内外研究现状

由于皮革是一种天然高分子材料，长期受墓葬环境和大气环境影响，其主要组成成分胶原蛋白、制作时使用的鞣剂单宁以及加入的脂类、油类等物质发生老化,以致皮革的热稳定性、柔韧性、抗张强度等物理机械性能降低,产生各种不同的病害,受到不同程度损坏。湖北荆州战国墓葬中出土的皮革文物由于长期浸泡在地下水中,饱水度高,糟朽十分严重。四川成都中国皮影博物馆收藏的皮影文物因受大气环境影响出现了硬化、变形、霉腐虫蚀等病害。西藏、青海留存的人皮唐卡,因受保存环境中不利因素影响,逐渐变硬变脆,出现开裂现象。这些留存于世的珍贵皮革文物从外观形貌到内部结构都发生了巨大变化,劣化现象十分严重,如不及时采取有效保护措施,将面临损毁的危险。

目前,国内从事皮革文物保护修复研究的专业机构和人员很少,关于皮革文物保护修复的研究报道不多,相关理论研究基础也较薄弱。国内皮革文物的保护主要是采用清洗剂、防腐剂、杀虫剂、保护液等试剂对皮革进行清洗、防腐、防霉、防虫害及加固处理,各地博物馆皮毛类文物大都以传统晾晒、熏蒸或使用抑菌除虫药为主要保存手段[8,9,14-16]。

国外对皮革文物的研究始于 20 世纪 50 年代,起步较早且经验丰富,研究范畴涉及古代皮革保护的理论研究、皮革的劣化特性及原因、保护修复材料和方法、皮革保存环境等方面。

1.2.1　研究机构和项目

1. 研究机构

欧美很多发达国家拥有专门的皮革文物博物馆和专业的皮革文物保护机构。1946 年,John W. Waterer 与 Claude Spiers 创办了英国皮革工艺品博物馆(Museum of Leathercraft),目前藏品有 5000 多件。德国皮革博物馆(DLM)创建于 1917 年,整个博物馆的展示分为三大部分:鞋类展示,皮革制作工艺展示,非洲、美洲、亚洲其他皮革制品展示。

著名的研究机构英国北安普顿的皮革保护中心(Leather Conservation Center)于 1978 年创办,1991 年迁入北安普顿大学,是集保护研究、文物修复、教育培训为一体的国际研究中心。意大利的古代皮革研究协作组——Archaeological Leather Group(ALG),是一个由考古学家、历史学家、科学家、保护学家、工艺品制作专家、皮革工人等组成的多学科团队。ALG 每年春秋举行两次会议,内容涉及皮革加工工艺、皮革制作工艺、皮革文物保护方法和预防性保护措施等,旨在交流研究成果,总结实践经验,促进古代皮革制品的保护研究,并出版了相关的会议论文集。国际博物馆协会保护协会(ICOM-CC)设有一个皮革及相关材料工作组(Leather and Related Materials Working Group,LWG),负责制定皮革保护研究领域的发展规划(一般为 3 年)。从 1986 年起,其每 3 年举行一次国际会议。

此外,英国遗产协会、美国文物保护协会、加拿大文物保护协会等也参与了皮革文物保护研究。1995 年,英国遗产协会与 ALG 编写了《饱水古皮革保护指南》(《Guidelines for the Care of Waterlogged Archaeological Leather》),内容涉及出土皮革制品的现场保护、保存状况评价、保护要求、保护方法、保护处理后的保存环境等,规范了对出土饱水皮革的保护处理[17]。1972 年,John William Waterer 编写的《皮革文物保护和修复指南》(《A Guide to the Conservation and Restoration of Objects Made Wholly or in part of Leather》)是第一部指导皮革文物保护的书籍,内容包括皮革文物制作工艺、皮革文物保护修复实例、保护修复过程中使用的材料等[18]。

2. 研究项目

1991~2012 年,欧盟国家针对植鞣革和羊皮纸劣化特性、劣化影响因素、保护效果以及病害评价方法进行了深入研究。

STEP 项目和 ENVIRONMENT 项目是研究植鞣革劣化原因及评价方法的两个项目。1991~1994 年,为系统研究环境因素对植鞣革劣化的影响,由欧洲经济委员会资助,英国皮革制造商协会、加拿大保护协会和皮革保护中心等联合完成了 STEP 皮革项目。项目研究目的是:定性和定量研究大气污染物和其他环境因素对植鞣革物理化学特性变化的影响;确定皮革样品人工老化的参数和条件;建立一种标准测试方法,确定皮革的耐老化性能和评价皮革保护效果[19]。研究利用扫描电镜观测皮革纤维结构;通过高效液相色谱(HPLC)进行氨基酸分析,通过气相色谱-质谱(GC-MS)检测胶原蛋白分解产物,通过等电点聚焦测量胶原蛋白的等电点,通过色谱分析法和高效液相色谱(HPLC)检测植物鞣剂;测量样品收缩温度、撕裂强度、耐折牢度、pH 值、含水率、脂肪含量、硫酸盐含量、硝酸盐含量和氯化物含量,检测样品透水透气性能。研究结果表明:胶原蛋白和鞣剂的氧化以及胶原蛋白之间肽链的水解导致了皮革胶原纤维的劣化。由于污染物和光热的影响,肽链之间也会发生氧化。酸污染促进了胶原蛋白的水解。人工老化实验条件为:先将皮革加热到 120 ℃(或 150 ℃)24 h,

然后在温度 40 ℃,相对湿度 35%,20 ppm SO$_2$ 和 10 ppm NO$_2$ 环境下老化 12 周[20-22]。

　　基于 STEP 项目的研究成果和经验,1995～1999 年欧盟开展了 ENVI-RONMENT 项目,对植鞣革劣化特性和如何对劣化植鞣革实施保护进行了研究。项目通过分析人工老化皮革样品的老化特性,探究了环境因素对胶原蛋白结构稳定性和降解性的影响,研究了保护植鞣革所使用的材料和方法,并对保护效果进行了评价,推荐了适合植鞣革保存和展陈的环境条件。Rene Larsen 完成了研究报告《植鞣革的劣化与保护》(《Deterioration and Conservation of Vegetable Tanned Leather》)[23-24]。

　　2002～2005 年,丹麦、英国、意大利、希腊、瑞典等 7 个欧盟国家共同完成了羊皮纸病害评估(Improved Damage Assessment of Parchment,IDPA)项目。随后开展的项目还有 OPERA(Old Parchment:Evaluating Restoration and Analysis)项目(2006～2009)、MuSA-System(Study and Diagnosis of Historical Parchments Using Improved Systems for Multispectral Analysis)项目(2011～2012)、COLLEGE 项目(2012～2015)等[25]。

　　IDPA 项目通过红外光谱(FTIR)、原子力显微镜(AFM)、核磁共振(NMR)、扫描电镜(SEM)、X 射线衍射(XRD)和各种热分析方法,从宏观(如羊皮纸的颜色、硬度、厚度、透光性等)、微观(如利用电子显微镜和光学显微镜观察胶原纤维结构)、介观(各种热分析方法)、纳米(原子力显微镜、质谱仪、X 衍射)、分子[红外光谱、高效液相色谱(HPLC)、气相色谱-质谱(GC-MS)、核磁共振等]等不同层面定性和定量分析胶原的结构变化及物理化学特性的变化,确立羊皮纸损害评价体系(PDAP),建立羊皮纸病害图库(DUPDA),研发羊皮纸病害评价的预警探测系统(EWS)。目前该项目已完成了 100 件人工老化羊皮纸和 450 件古羊皮纸的检测工作,通过定性分析和定量分析描述了羊皮纸劣化状况,分析了羊皮纸劣化原因和机理[26-30]。IDPA 项目的核心是建立大量羊皮纸样品检测结果的数据库,最终目的是让保护人员能够通过羊皮纸病害评价的预警探测系统来确定羊皮纸损害程度。

　　2006～2009 年,OPERA 项目由意大利都灵大学与意大利计量研究所合作完成。该项目应用纳米技术研究古羊皮纸的胶原纤维,对古羊皮纸进行分析、修复和评价[31]。

　　2011～2012 年,MuSA-System 项目通过多光谱分析研究和检测古羊皮纸保护处理效果。该项目第一阶段的工作是研发软件,将样品的物理化学数据与多光谱数据进行相关分析,第二阶段的工作是数字扫描和病害等级评估[32]。

1.2.2 皮革文物劣化研究

皮革文物的劣化研究涉及皮革文物劣化影响因素、劣化形式、途径以及劣化机理等几个方面。

皮革文物的劣化影响因素分为外因和内因两个方面[33]。外因是指环境影响因素,由文物外部保存环境引起的,主要包括温度、湿度、紫外光、可见光辐射、热、空气中的有害气体、虫害、霉菌等。内因是指皮革的主要成分胶原蛋白及制作皮革时使用的植物鞣剂单宁和加入的脂类物质等。皮革文物劣化形式有化学损害、物理机械损害和生物损害三种[34]。化学损害是指由氧化物、氮氧化物和二氧化硫等环境污染物以及水解、光化学降解等造成的损害。相对湿度波动时,胶原蛋白类材料的频繁收缩和伸展会引发物理损害。细菌、真菌、霉菌和虫害会造成生物损害。这些损害从宏观到微观在不同结构层次上呈现出不同特点。化学损害的途径分为氧化和水解两种[35-39]。氧化主要是受环境因素影响,水解主要是酸腐蚀水解,反应式如下[38]:

$$-\text{HNCHCONHCHCO} \xrightarrow{H^+/H_2O} -\text{NHCHCOOH} + H_2\text{NCHCO}-$$
$$\underset{R'}{|} \qquad \underset{R''}{|} \qquad\qquad\qquad \underset{R'}{|} \qquad\qquad \underset{R''}{|}$$

氧化使胶原蛋白多肽链的主链断裂,同时侧链发生变化,反应最有可能发生在与 N 原子邻近的 C 原子上。酸水解导致胶原多肽链分解。氧化和水解有可能单独发生,也可能同时发生,酸水解比氧化作用更强。

皮革文物的劣化机理研究已有 150 多年历史[40]。目前,劣化机理研究主要集中在皮革的组成成分、微观结构、理化性能、环境影响因素等几个方面,其中组成成分和环境影响因素是保护研究的基础,微观结构和理化性能是保护研究的重点。

1.2.3 皮革文物保护修复研究

饱水、糟朽、硬化、易脆、收缩变形、开裂、残缺、霉变、虫蛀等是皮革文物存在的主要病害,我们通常采取脱水、加固、回软、整形、修补、防霉等方法对皮革文物进行保护修复。目前,对皮革文物的保护修复研究多集中在保护材料、方法、修复效果评估以及对霉菌、虫害的防治上。皮革文物保护常用的材料有甘油、亚麻油、雪松油、硅油、羊毛脂、蜂蜡、聚乙二醇等。皮革文物保护常用的方法有涂饰剂法、BAVON 法、有机溶剂脱水法、PEG 法、冷冻干燥法、植物法、硅油法、SMITHSONIAN 甘油法等[41-46]。针对饱水皮革文物采用的脱水方法有冷冻干燥法、有机溶剂脱水法。针对干燥硬化皮革文物采用的保护方法有植物法、硅油法。上述方法均取得了不错的保护效果,能有效改善皮革文物的理化性能。

1. 涂饰剂法

皮革涂饰剂在 20 世纪 50 年代被引入书面革的保护中。到了 60 年代,涂饰剂成为皮革文物保护的主要方法,很多博物馆使用的是自己特制的涂饰剂。其中,被广泛认可的是 1972 年大英博物馆研制的皮革涂饰剂,在随后的 25 年里,这种涂饰剂成为书面革保护的标准保护材料[47]。常用的加脂涂饰剂有羊毛脂、牛蹄油、蓖麻油和雪松油。这种方法能有效改善文物外观,但缺点是保护处理后的文物外表发黏、油腻,易积聚灰尘,易发生霉变。

2. BAVON 法

Bavon 是皮革工业上的加脂剂和防水剂,是一种烷基丁二酸和矿物油的混合物,性能稳定,用于皮革文物保护的主要有两种:一种是溶剂型 Bavon ASAK/ABP,另一种是水剂型 Bavon ASAK 520S。水剂型 Bavon 的处理效果并不理想,收缩率大,易脆裂。溶剂型 Bavon ABP 的效果比较好,可用 Bavon ABP 浸润脆硬皮革使其回软。对于饱水皮革,可先用丙酮脱水后,再用 Bavon ABP 涂饰皮革表面[48]。

3. 有机溶剂脱水法

在饱水皮革文物的保护中,可使用易溶于水的有机溶剂置换饱水皮革文物中的水。常用的有机溶剂有异丙醇、乙醇、甲醇、丙酮、乙醚等。

4. PEG 法

PEG 法常用于饱水皮革的保护,即使用不同分子量的 PEG 对饱水皮革进行脱水加固处理。这种方法处理的皮革文物易回潮、发黏、色泽暗淡。保存状况较好的干燥皮革也可以先用水或乙醇使其饱水后,再用 PEG1450、PEG600,或者低分子量的 PEG400 处理。

5. 冷冻干燥法

冷冻干燥法是将饱水皮革冷冻到冰点以下,使水转变为冰,然后在真空环境下不经过冰的融化直接将冰升华为蒸汽而除去。饱水皮革冷冻干燥步骤为加固、冷冻、冷冻干燥。用于加固皮革的 PEG 浓度一般为 13%～33%,浸泡时间从 4 天到 6 周不等,处理时间与温度和文物大小有关。PEG 渗透完成后,放入冷冻箱中冷冻,冷冻温度为 -20～-30 ℃。最后是冷冻干燥,温度一般为 -18～-30 ℃,干燥时间与温度和文物大小有关。冷冻干燥的收缩率为 5%～10%[49]。在进行冷冻干燥处理前,也可先用甘油、PEG400 对饱水皮革进行脱水处理,甘油和 PEG400 相当于冷冻保护剂,能有效阻止快速冷冻过程中结晶对皮革结构的破坏。

冷冻干燥法于 20 世纪 70 年代被用于皮革保护中,是一种较为成功的饱水皮革保护方法。处理后的皮革能保持处理前的颜色和纹理,有一定的柔韧性。缺点是处理后的文物对保存环境要求较高,需要严格控制环境温度和湿度。

6. 硅油法

硅油法的原理是将液态高分子聚合物在真空、负压条件下渗透到文物内部结构中,置换其中的水分和脂类,随后用固化剂将其固化,形成纤维支架。使用硅油法保护皮革文物的步骤主要包括丙酮脱水、高分子聚合物渗透、固化剂渗入成型和防霉处理。其优点是能保持文物原有的色泽、花纹、弹性和质地,并能防霉防蛀,缺点是不可逆[50]。

Hassan R R A 等[51]将 7 g 甘油、20 mL 亚麻油、5 g 十六醇、5 g 硬脂酸、100 mL 蒸馏水配制成乳液,用于古代硬化书面革的表面处理。通过观察外表、测试 pH 值、热分析、红外光谱分析和机械性能测试等多种方法,评估保护效果以及保护材料对皮革文物化学成分的影响。其认为亚麻油、甘油等涂饰剂能改善皮革 pH 值,有效提高皮革的热稳定性和延展性。Sendrea C 等[52]在羊毛脂、雪松油、蜂蜡、己烷、挥发油(茉莉、罗勒、薰衣草)等材料的基础上配制了 4 种不同新型环保材料,用于人工老化植鞣革的修复,并通过修复后植鞣革的颜色变化、手感、材料分布是否均匀、材料憎水性能等方面来评估材料保护效果。研究结果表明,添加了 15%～25%己烷、2%～4%乳化剂和 13%～18%蒸馏水的修复材料保护效果最佳。

Ershad-Langroudi A 等[53]使用纳米羟基磷灰石和聚乙二醇 400(PEG 400)水溶液对 19 世纪的书面革进行了保护处理,采用差式扫描量热法、热重分析法研究了保护材料对其结构的影响,并对保护效果进行了评估。研究结果表明,处理后的皮革胶原纤维束分布均匀,收缩温度升高。纳米复合材料作为一种涂饰剂可以有效增加胶原纤维的弹性,适宜于皮革文物保护修复。Baglioni M 等[54]首次将纳米材料用于清洗 17 世纪路德圣经和弥撒圣经皮革表面上的灰尘、盐和脂类物质污染物。他们使用具有纳米结构的水包油材料、化学水凝胶以及纳米离子分散剂等材料对皮革表面的绿锈进行了清洗。具体方法是将带有化学水凝胶搭配纳米结构的水包油材料的条带直接放置在皮革表面,然后用金属薄片盖住并用薄膜包裹,20 min 后用水凝胶蘸水清除残留在上面的纳米材料,最后再加入氢氧化钙调整及维持皮革正常 pH 值。接下来利用红外光谱仪和扫描电镜对清洗前后皮革的成分和形貌特征进行了对比分析,发现处理后样品胶原蛋白和单宁红外光谱吸收峰清晰可见,而污染物红外光谱吸收峰则消失了,且不存在清洗材料红外特征峰。用扫描电镜观察发现皮革表面有纳米材料存在,而污染物基本消失。实验结果表明,纳米材料的清洗效果较好,能有效清除污染物,且无清洗剂残留。此外,纳米材料还可以作为抗菌剂,用于预防皮革文物的生物病害,阻止真菌和霉菌的生长。

　　Koochakzaei A 等[55]采用红外光谱法、比色法,并通过测试样品的 pH 值、机械性能和收缩温度,来评估硅油和 PEG 这两种材料用于干硬皮革文物的保护效果。结果表明,硅油的保护效果优于 PEG,这主要缘于其高稳定性以及对皮革性能、结构和感官上较小的改变。

　　SENDREA C 等[56]利用核磁共振波谱法研究了伽马射线剂量对植鞣革中胶原蛋白的影响。发现光辐射一周后,弛豫时间开始变化。在温度为 40 ℃,湿度分别为 30% 和 75% 的条件下继续人工老化 12 周后,胶原纤维的结构发生了改变。随着伽玛辐射量的不断增大,多肽链普遍断链,25 kGy 辐射量为胶原结构改变的临界值。该研究结果为皮革文物除虫时合理使用伽马射线的剂量和时间提供了参考。

　　国外的研究机构通常会通过对保护方法和材料的调查,来指导保护人员选择合适的保护处理方法。1982 年,为了解保护材料的性能及使用效果,英国皮革保护中心对欧美 69 个博物馆皮革文物保护所使用的方法和材料进行了调查,出版了调查报告《Leather Conservation——A Current Survey》。1995 年,国际博物馆协会保护委员会针对皮革文物保护过程中出现的皮革表面发黏、油腻等问题,再次对皮革文物保护方法和材料进行调查,建议使用性能稳定的皮革涂饰剂。2003 年,加拿大保护协会又对此做了调查,在调查报告中还增添了一些新的保护材料[57]。用于加固皮革文物的材料有以丙烯酸树脂为主的 B72、以纤维素为主的羟丙基纤维素,其他还有聚乙烯醇缩丁醛 PVB,另外还有明胶、聚氨酯、聚醋酸乙烯乳液、环氧树脂、聚乙烯醇缩丁醛乙烯共聚物等。环十二烷可用于脆弱皮革文物的临时加固[58]。

　　虽然现有的皮革文物保护方法可以改善文物外观,但保护过程中使用的很多材料不利于保护后的再处理,保护处理后的文物存在外表发黏、油腻、颜色加深,易积聚灰尘、易霉变等问题。此外,研究表明,油脂和润滑剂并不能有效保护皮革及真正减缓文物的腐蚀衰变,一些不稳定化学物质甚至可能对文物造成难以预料的损坏。目前来看,从宏观和微观等不同层面定性和定量研究环境因素对皮革文物物理、化学性质以及微观结构的影响,建立皮革文物检测结果数据库和皮革文物病害标准图库,构建皮革文物劣化和病害防治保护效果评价体系将成为未来皮革文物保护研究的发展方向和趋势。

参 考 文 献

[1]　王石天.试论古代中国的衣料[J].玉林师范学院学报,2001(4):42-45.

[2]　庞贻燮.我国古代制革与毛皮工业的初步探讨[J].皮革科技动态,1977(4):28-33.

[3]　SOLAZZO C, COUREL B, CONNAN J, et al. Identification of the earliest collagen-and plant-based coatings from neolithic artefacts (nahal Hemar cave, Israel)[J]. Scientific Reports, 2016(6): 31053.

[4]　SPANGENBERG J E, FERRER M, TSCHUDIN P, et al. Microstructural, chemical and isotopic evidence for the origin of late neolithic leather recovered from an ice field in the Swiss Alps[J]. Journal of Archaeological Science, 2010, 37(8): 1851-1865.

[5]　骆崇骐.中国皮鞋史话[J].皮革科技,1989(2):16-20.

[6]　闻人军.考工记译注[M].上海:上海古籍出版社,2008:60-64.

[7]　何露,陈武勇.中国古代皮革及制品历史沿革[J].西部皮革,2011,33(24):43-45.

[8]　卢燕玲.由武威出土马胸勒的化学处理谈皮制文物的保护[J].文物保护与考古科学,1999(2):27-30.

[9]　郭竹云.A1、Z2 加脂剂在出土唐代皮革上的应用[C]//中国文物保护技术协会.中国文物保护技术协会第二届学术年会论文集.北京:科学出版社,2002:345-346.

[10]　张卫星.先秦至两汉出土甲胄研究[D].郑州:郑州大学,2005.

[11]　莫慧旋,白荣金,韩维龙,等.广州南越国宫署遗址东晋南朝的铁甲和皮甲[J].考古,2008(8):41-48.

[12]　吕劲松.秦军皮革见用[J].西部皮革,2015,37(12):44-48.

[13]　张杨,龚德才,杨中华,等.山东沂源出土战国皮革文物的材质鉴别[J].文物保护与考古科学,2015,27(1):59-64.

[14]　孙晓强.霉蚀皮质文物的保护[J].文物世界,2002(5):69-70.

[15]　谭士俊,杜华,白云飞.鹿皮唐卡的修复[J].内蒙古文物考古,2008(2):97-98.

[16]　张杨,魏彦飞,方乐民,等.硬化皮质文物的保护研究[J].江汉考古,2012(3):113-116.

[17]　English Heritage. Guidelines for the care of waterlogged archaeological leather[Z]. London: English Heritage, Scientific and Technical Guideline 4, 1995.

[18]　WATERER J W. A guide to the conservation and restoration of objects made wholly or in part of Leather[J].Journal of the Royal Society of Arts,1972.

[19]　CALNAN C N. Ageing of vegetable tanned leather in response to variations in climatic conditions[Z]//CALNAN C, HAINES B. Leather: its composition and changes with time. Northampton: The Leather Conservation Center, 41-50.

[20]　LARSEN R. Fundamental aspects of the deterioration of vegetable tanned leathers[D]. Copenhagen: Uniersity of Copenhagen, 1995.

[21]　LARSEN R. STEP, Leather project: Evaluation of the correlation between natural and artificial ageing of vegetable tanned leather and determination of parameters for standardization of an artificial ageing method[Z]. European Commission, Research Report No. 1, 1994

[22]　The Leather Conservation Centre. Report of ageing tests for harmatan leather LTD [Z]. University of Northampton, 2005.

[23]　LARSEN R. Deterioration and conservation of vegetable tanned leathers: the environment leather project[J]. Leather Conservation News, 1996, 12(1): 1-8.

[24]　LARSEN R, WOUTERS J, CHAHINE C, et al. Environment leather project, european commission DG XII, research report No. 6[Z]. Copenhagen: The Royal Danish Academy of Fine Arts, School of Conservation, 1997.

[25]　BADEA E, SOMMER D V P, AXELSSON K M, et al. Damage ranking in historic parchment: from microscopic studies of fibre structure to collagen denaturation assessment by Micro DSC[J]. e-Preservation Science, 2012(9): 97-109.

[26]　LARSEN R. Improved damage assessment of parchment, IDAP: micro and non-destructive analysis and diagnosis for proper storage and treatment, in proceedings of the 5th EC conference[J]. Cultural Heritage Research: A Pan-European Challenge, 2002, 74-78.

[27] DE GROOT J. Damage assessment of parchment with localised probe techniques: new and emerging european research (IDAP Project)[Z]//6th European Commission Conference on Sustaining Europe's Cultural Heritage: from Research to Policy Queen Elizabeth II Conference Centre, 2004.

[28] LARSEN R. Damage assessment of parchment: Complexity and relations at different structural levels[C]. 14th ICOM-CC Triennial Conference,2005.

[29] ODLYHA M, THEODORAKOPOULOS C, Groot J, et al. Fourier transform infra-red spectroscopy (ATR/FTIR) and scanning probe microscopy of parchment[J]. e-Preservation Science, 2009(6): 138-144.

[30] RICCARDI A, MERCURI F, PAOLONI S, et al. Parchment ageing study: new methods based on thermal transport and shrinkage analysis[J]. e-Preservation Science, 2010 (7): 87-95.

[31] DELLA G G, ODLYHA M, LARSEN R. Sustainable preservation of historical parchments[J]. La Chimica e l'Industria, 2010(4): 106-111.

[32] MACDONALD L, GIACOMETTI A, CAMPAGNOLO A, et al. Multispectral imaging of degraded parchment[C]//International Workshop on Computational Color Imaging. Berlin: Springer, 2013: 143-157.

[33] LARSEN R. Fundamental aspects of the deterioration of vegetable tanned leathers[D]. Copenhagen: University of Copenhagen, 1995.

[34] BUDRUGEAC P, CARŞOTE C, MIU L. Application of thermal analysis methods for damage assessment of leather in an old military coat belonging to the history museum of braşov:Romania[J]. Journal of Thermal Analysis and Calorimetry, 2017, 127(1): 765-772.

[35] LARSEN R. STEP Leather project: European commission DG XII, research report No. 1[Z]. Copenhagen: 1994: 165.

[36] LARSEN R, CHAHINE C, WOUTERS J, et al. ICOM -CC: 11th triennal meeting [Z]. Edinburgh: 1996(Ⅱ): 742.

[37] Deterioration and conservation of vegetable tanned leathers', environment leather project: European commission DG XII, research report No. 6[Z]. Copenhagen: 1996.

[38] LARSEN R. The chemical degradation of leather[J]. CHIMIA International Journal for Chemistry, 2008, 62(11): 899-902.

[39] FLORIAN M E. Protein facts: fibrous proteins in cultural and natural history artifacts [M]. London: Archetype Publications, 2007.

[40] FARADAY M. Repertory of patent inventions, enlarged series (5)[Z]. London: 1843:174.

[41] WENNERSTRAND I. Reversible modification of flexural rigidity on dry archaeological leather from wet anaerobic burial sites: an herbal method irma[D]. Sweden: University of Gothenburg, 2015.

[42] LUDWICK L. A comparative study on surface treatments in conservation of dry leather, with focus on silicone oil[D]. Sweden: University of Gothenburg, 2013.

[43] KOOCHAKZAEI A, AHMADI H, ACHACHLUEI M M. An experimental comparative study on silicone oil and polyethylene glycol as dry leather treatments[J]. Journal American Leather Chemists Association, 2016(111): 377-383.

[44] HASSAN R R A. A preliminary study on using linseed oil emulsion in dressing archaeological leather [J]. Journal of Cultural Heritage, 2016(21): 786-795.

[45] SENDREA C, LUCRE IA M I U, CRUDU M, et al. The influence of new preservation products on vegetable tanned leather for heritage object restoration[J]. Revista de Pielărie Încăl ăminte, 2017(17): 1.

[46] ERSHAD-LANGROUDI A, MIRMONTAHAI A. Thermal analysis on historical leather bookbinding treated with PEG and hydroxyapatite nanoparticles[J]. Journal of Thermal Analysis and Calorimetry, 2015, 120(2): 1119-1127.

[47] RANDOLPH A G. The analysis and conservation of the BELLE footwear assemblage [D]. College Station: Texas A&M University, 2003.

[48] CAMERON, ESTHER, SPRIGGS J, et al. The conservation of archaeological leather [M]//KITEM, THOMSON R. Conservation of leather and related materials, Oxford: Elsevier, 2006: 247-248.

[49] HAMILTON D L. Methods of conserving archaeological material from underwater sites [D]. College Station: Texas A&M University, 1999:30-34.

[50] WAYNE S C. Archaeological conservation using polymers: practical applications for organic artifact stabilization[M]. College Station: Texas A&M University Press. 2003:61-72.

[51] HASSAN R R A. A preliminary study on using linseed oil emulsion in dressing archaeological leather [J]. Journal of Cultural Heritage, 2016(21): 786-795.

[52] SENDREA C, LUCRE IA M I U, CRUDU M, et al. The influence of new preservation productsc on vegetable tanned leather for heritage object restoration[J]. Revista de Pielărie Încăl ăminte, 2017(17): 1.

[53] ERSHAD-LANGROUDI A, MIRMONTAHAI A. Thermal analysis on historical leather bookbinding treated with PEG and hydroxyapatite nanoparticles[J]. Journal of Thermal Analysis and Calorimetry, 2015, 120(2): 1119-1127.

[54] BAGLIONI M, BARTOLETTI A, BOZEC L, et al. Nanomaterials for the cleaning and pH adjustment of vegetable-tanned leather[J]. Applied Physics A, 2016, 122

(2): 114.

[55] KOOCHAKZAEI A, AHMADI H, ACHACHLUEI M M. An experimental compara-
tive study on silicone oil and polyethylene glycol as dry leather treatments[J]. Journal-
American Leather Chemists Association, 2016(111): 377-383.

[56] SENDREA C, BADEA E, STĂNCULESCU I, et al. Dose-dependent effects of gamma
irradiation on collagen in vegetable tanned leather by mobile nmr spectroscopy studiul
efectului dozei de radiat Ⅱ gamma asupra colagenului din pielea tĂbĂcitĂ vegetal
utilizÂnd dpectroscopia Rmn[J]. Revista de Pielarie Incaltaminte, 2015(15): 3.

[57] CAMERON, ESTHER, SPRIGGS J, et al. The Conservation of Archaeological Leath-
er[M]//KIEM, THOMSON R. Conservation of leather and related materials, Oxford:
Elsevier, 2006, 244-263.

[58] THOMPSON K M. Materials and techniques: past and present[M]//MARION K,
ROY T. Conservation of leather and related materials. Oxford: Butterworth-Heine-
mann, 2006:128.

第2章

皮革的组成与结构

⊙ 生皮的化学成分

⊙ 胶原蛋白

⊙ 生皮的组织结构

2.1　生皮的化学成分

生皮的化学成分为蛋白质和非蛋白质。非蛋白质包括水分、脂肪、糖类和矿物质等。生皮的蛋白质含量为 30%～50%；水分含量为 50%～70%；脂肪含量为 2%～20%；糖类含量一般小于 2%；无机盐含量很低，只占皮重的0.3%～0.5%[1]。除水分外，蛋白质是生皮重要的结构化合物，由 18 种氨基酸聚合而成。依其结构，可分为纤维蛋白质和非纤维蛋白质。纤维蛋白质包括胶原蛋白、网状蛋白和角蛋白；非纤维蛋白质主要有白蛋白、黏蛋白、球蛋白等。在皮革加工过程中，生皮中的水分、脂类、碳水化合物和无机盐等非蛋白质成分被大部分或全部除去。皮革所具有的优良性能主要取决于蛋白质的结构、性质和功能。

2.2　胶　原　蛋　白

胶原蛋白（collagen）又名胶原，是一种结构蛋白质，是脊椎动物体内含量最丰富、分布最广泛的蛋白质,主要存在于动物的结缔组织中,如皮肤、骨骼等,其主要作用是保护、支撑肌体和器官[2]。到目前为止,共发现了 27 种胶原类型[3],它们在氨基酸残基序列、形态结构、分布等各方面均不相同。胶原类型以Ⅰ、Ⅱ、Ⅲ、Ⅴ和Ⅺ型为主,其中Ⅰ型胶原是动物组织中最为常见的一种,并且含量最多,约占胶原总量的 90%,制作皮革所采用的原料动物皮的主要成分即为Ⅰ型胶原。Ⅰ型胶原是由 2 条 α1 链和 1 条 α2 链组成的,每条 α 多肽链由 18 种1000 多个氨基酸通过肽键首尾相连而成,长约 300 nm,具有三股螺旋构象,如图 2.1 所示。

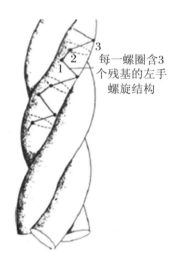

每一螺圈含3
个残基的左手
螺旋结构

图 2.1 胶原蛋白三股螺旋结构[4]

胶原具有完整的四级空间结构[5]:一级结构是指多肽链中氨基酸的排序,不同氨基酸的排列顺序决定了它特有的空间结构;二级结构是指肽链中相邻氨基酸形成的有序空间结构,主要有 α 螺旋、β 折叠和无规卷曲等几种类型;三级结构是指多肽链中各种二级结构进一步折叠盘曲形成的具有一定规律的三维空间结构;四级结构是指亚基之间通过非共价键结合形成的聚合体结构。胶原微纤维结构见图 2.2[5]。

胶原肽链间存在着氢键、范德华力、离子键、疏水键等作用力,如图 2.3 所示。这些作用力对于维持胶原蛋白结构的稳定性起着非常重要的作用[6]。其中,氢键是维持胶原分子螺旋结构稳定性的主要作用力[7]。另外,胶原分子间和分子内还存在着醛氨缩合交联、醇醛缩合交联和醛醇组氨酸交联,这使得胶原的肽链能够非常牢固地连接在一起,具备很高的抗张强度。

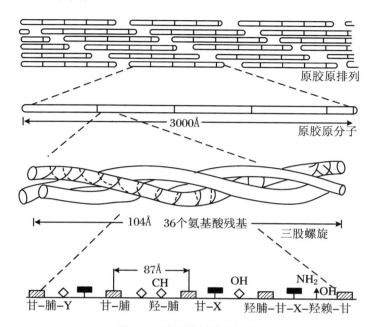

图 2.2　胶原微纤维的结构

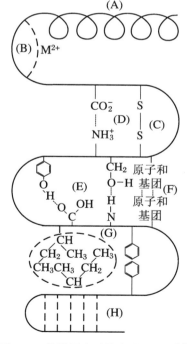

图 2.3　维持蛋白质构象的作用力[8]

(A)螺旋结构(氢键);(B)金属离子的配位作用;(C)双硫键;(D)离子键;(E)侧链间及侧链与主链之间氢键;(F)范德华力相互作用;(G)疏水相互作用;(H)β-片层结构(氢键)

　　氨基酸是组成胶原蛋白的基本结构单位,不同动物皮胶原蛋白氨基酸分子式及含量见表 2.1。胶原的组成与任何其他已知蛋白质不同,具有三个显著特征:一是甘氨酸、脯氨酸和羟脯氨酸残基含量特别高,所占比例大约分别为氨基酸残基的 30%、10% 和 10%;二是胶原分子多肽链的排列结构具有规律性,基本顺序是 Gly-X-Y 周期结构,通常 X 为脯氨酸(Pro)、Y 为羟脯氨酸(Hyp)[9];三是脯氨酸和羟脯氨酸是胶原的特征氨基酸,只存在于胶原中,两者都是环状氨基酸,对胶原分子具有稳定作用,使胶原具有微弹性和很高的拉伸强度[5]。

表 2.1　猪皮、牛皮胶原蛋白氨基酸分子式及含量表(氨基酸个数/1000 个总氨基酸数)[10]

氨基酸	缩写	分子式	牛皮	猪皮
天冬氨酸	Asp		43.6‰	43.5‰
苏氨酸	Thr		16.4‰	16.0‰
丝氨酸	Ser		34.9‰	32.5‰
谷氨酸	Glu		68.6‰	73.3‰
甘氨酸	Gly		335.3‰	332.7‰
丙氨酸	Ala		109.6‰	111.1‰

续表

氨基酸	缩写	分子式	牛皮	猪皮
缬氨酸	Val		21.0‰	23.7‰
蛋氨酸	Met		6.1‰	6.2‰
异亮氨酸	Ile		11.8‰	9.1‰
亮氨酸	Leu		22.4‰	22.7‰
酪氨酸	Tyr		1.5‰	2.1‰

氨基酸	缩写	分子式	牛皮	猪皮
苯丙氨酸	Phe		11.6‰	12.1‰
羟赖氨酸	Hyl		7.9‰	7.4‰
赖氨酸	Lys		26.5‰	26.3‰
组氨酸	His		4.1‰	4.5‰
精氨酸	Arg		49.6‰	49.5‰
羟脯氨酸	Hyp		101.0‰	94.3‰
脯氨酸	Pro		128.1‰	133‰

　　提取胶原蛋白常用的方法有酸法、碱法、盐法和酶法[11]。酸法提取使用的材料主要有盐酸、磷酸、亚硫酸、柠檬酸和硫酸等,其原理主要是通过对分子间希夫碱和盐键的破坏,来引起纤维的膨胀、溶解。酸法提取的胶原蛋白很大限度上保留了稳定的三股螺旋结构。碱法提取胶原蛋白经常使用氢氧化钠、石灰、碳酸钠等处理剂处理。用碱法提取容易造成肽键的水解,使胶原蛋白的三股螺旋结构遭到破坏,其水解产物分子量比较低。因此,为了获得较完整的胶原蛋白,应尽量避免使用这种方法。盐法提取胶原蛋白是通过配制一定浓度的氯化钠来溶解胶原,一般使用的处理剂有氯化钠、柠檬酸盐、盐酸三羟甲基胺基甲烷(Tris-HCl)等。另外,采取不同的条件可以提取出不同类型的胶原蛋白。酶法提取是通过胰蛋白酶、胃蛋白酶、复合酶等蛋白酶来溶解胶原蛋白。其优点在于提取的胶原蛋白保留了完整的三螺旋结构,性能稳定,纯度较高,反应速度快,对环境没有污染。酶法提取可以通过酶液直接提取,也可以采取用酸或碱进行初步提取,然后再用酶提取。以上几种胶原蛋白的提取方法各有利弊,将几种方法搭配使用提取效果更好。例如,采用酸和碱交替处理法提取的胶原蛋白的稳定性和质量都优于碱法。

2.3　生皮的组织结构

　　皮革是用生皮制作而成,生皮的组织结构如图 2.4 所示(以牛皮为例)。生皮由毛层和皮层组成,皮层的组织结构从纵断面由上而下分为表皮层、真皮层和皮下组织。真皮层的质量和厚度占皮层的 90% 以上,制革时主要是将真皮层加工成革。以毛囊底部所处水平面为分界线,真皮层又分为上下两层,水平面以上为乳头层或粒面层,水平面以下为网状层或肉面,如图 2.5 所示。真皮层中有纤维成分和非纤维成分,其中纤维成分包括胶原纤维、弹性纤维和网状纤维;非纤维成分包括纤维间质、淋巴、血管、汗腺、肌肉、神经组织等。

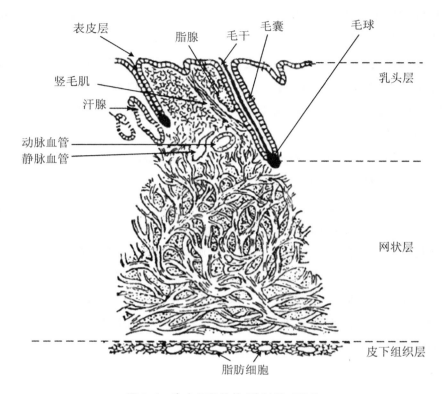

图 2.4　牛皮组织结构（孙红丹，2005）

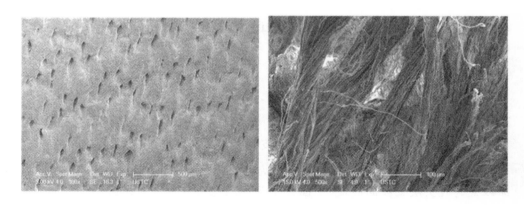

图 2.5　羊皮革粒面和肉面扫描电镜图

胶原纤维为真皮纤维的主要成分，是皮革鞣制、染色、加脂的主要对象，占纤维总量的 95%～98%。胶原纤维因其能在热水中降解成一种胶状物——明胶而得名，意思是"胶之来源"。胶原纤维是连续不断的，很多单根纤维侧向聚集形成纤维束，胶原纤维束不断分而又合，合而又分，纵横交织，形成立体网状结构,使皮革具有很高的机械强度和独特的使用性能。皮革的机械强度和延展性等主要取决于胶原纤维的编织状况。图 2.6 为胶原纤维束横截面扫描电镜图。

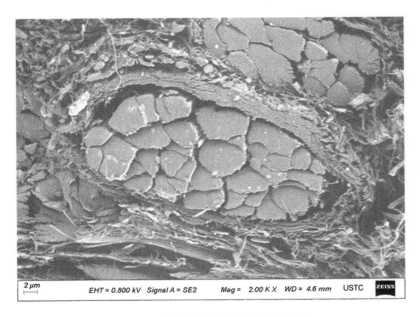

图 2.6　胶原纤维束横截面扫描电镜图

弹性纤维在真皮中含量较少,仅占皮重的 $0.1\% \sim 1.0\%$,分布于血管和毛囊周围,对真皮层起支撑作用。弹性纤维很细,直径不超过 $8.0\ \mu m$,但有很大的弹性,化学性质稳定,有较强的耐酸、耐碱、耐水煮能力。与胶原纤维不同,弹性纤维呈枝状分布而不形成纤维束。弹性纤维虽少,但影响皮革的柔软度。

网状纤维形成浓密的网,分布于表皮和真皮的交界处,在胶原纤维束的表面形成网套,将胶原纤维束套住并保护起来。网状纤维与胶原纤维性质相似。

纤维间质是填充在胶原纤维之间的一种胶状物质,其主要成分是带黏性的非纤维蛋白质和水分等。纤维间质具有黏结和润滑纤维的作用。生皮干燥后变僵硬,是纤维间质失水使纤维紧紧黏结在一起引起的。纤维间质会阻碍制革化工材料向皮纤维内部渗透,因此,在制革准备工段,必须将其尽量去除。皮革加工中,通过加脂,使纤维间分布薄薄的一层加脂剂,对皮纤维起润滑作用,使皮革在干燥状态下能保持柔软[1,12]。

参 考 文 献

［1］ 程凤侠,张岱民,王学川.毛皮加工原理与技术[M].北京:化学工业出版社,2005:2-3.

［2］ 蒋挺大.胶原与胶原蛋白[M].北京:化学工业出版社,2006:2.

［3］ PACE J M, CORRADO M, MISSERO C, et al. Identification, characterization and expression analysis of a new fibrillar collagen gene, COL27A1[J]. Matrix Biology, 2003, 22(1): 3-14.

［4］ KITE M, THOMSON R. Conservation of leather and related materials[M]. London: Routledge, 2006:5-6.

［5］ 蒋挺大.胶原与胶原蛋白[M]. 北京:化学工业出版社,2006:9-14.

［6］ 汤克勇.胶原物理与化学[M].北京:科学出版社,2012.

［7］ SHOULDERS M D, RAINES R T. Collagen structure and stability[J]. Annual Review of Biochemistry, 2009(78): 929-958.

［8］ 李自强.生皮化学与组织学[M].北京:中国轻工业出版社,2010:29.

［9］ PIEZ K A, TRUS B L. Sequence regularities and packing of collagen molecules[J]. Journal of Molecular Biology, 1978(122): 419-432.

［10］ 宋芹,董小萍,郁小兵.部分哺乳动物和鱼类胶原蛋白中氨基酸的组成和含量的比较[J].现代食品科技,2008,24(12):1239-1242.

［11］ 肖高,施亦东,陈衍夏.胶原蛋白的提取及其对纺织材料的改性研究[J].丝绸,2010(2):5-9.

［12］ 廖隆理.制革化学与工艺学:上册[M].北京:科学出版社,2005:69,71-74.

第 3 章

皮革传统制作工艺

⊙ 油鞣和醛鞣

⊙ 植物鞣制

⊙ 金属鞣制

　　皮革制作是一个复杂的过程,其间要经过数十道工序,主要有:浸水、去肉、脱脂、脱毛、浸灰、剖层、脱灰、软化、浸酸、鞣制、复鞣、染色、加脂、干燥、拉软、整理、涂饰等。通常把皮革的加工过程分为鞣前准备、鞣制、整饰三大工段。鞣前准备是去除制革无用物,如毛、皮下组织、油脂、污物等。鞣制是使用从不同的天然植物或者是矿物中提取的鞣剂,经过工艺处理,使生皮转变成革,具有较高的热力学性能,适合各种不同用途。整饰是使成革在外观和使用性能上达到要求。

3.1　油鞣和醛鞣

　　皮革制作工艺的历史源远流长,源于史前时代。皮革与人类的生产、生活息息相关。远古先民靠狩猎为食,用剥取的兽皮御寒,后来又用来裹足护脚。人们发现生皮在使用过程中存在诸如腐烂、变硬等问题,所以尝试去提高生皮的适用性和耐用性。最早北极地区的土著妇女和印第安人发现咬含皮下脂肪较厚的动物皮可以得到较柔软、滑润、不易腐烂的皮革。人们还发现在兽皮表面上涂抹油脂、野兽脑浆、骨髓后,经过不断揉搓可以使之变软,具有防水性,便于保存,这就是油鞣法的鼻祖,原理在于油脂被空气氧化后起到了油鞣的作用。

油鞣革的柔软性、延伸性、透气性都非常良好,用途极广[2]。后来,人类在使用动物皮的过程中,偶然发现生皮在柴火上干燥时,经烟火熏烤后不容易腐烂,更易于存放,这就是我们现代制裘行业中主要的鞣制方法之一——甲醛鞣法[1]。醛鞣革具有耐水洗、耐溶剂、耐汗、耐碱等突出特点。

3.2 植物鞣制

人们在生活中发现湿的生皮搭在树枝上时间久了以后颜色会发生变化,由此受到启发,知道树皮具有鞣革性能。于是,人们将树皮先用热水浸泡,然后将生皮放入其中,浸泡一段时间后拿出来干燥,这样处理过的生皮不腐烂、不收缩,保存时间大大延长,这就是植物鞣法的开端[1]。

植物鞣法是指将生皮浸泡在含有植物鞣料的水溶液中加工成皮革。植物鞣料通常指有利用价值的植物的皮、干、叶、果、根。通过用水浸泡植物鞣料取得的浸泡液叫植物鞣液。将植物鞣液进一步处理后得到的固体块状物或粉状物,称为植物鞣剂或栲胶[2]。植物鞣质存在于植物中,在林产化学中称为单宁,也有人称植物多酚,是多元酚化合物。

胶原蛋白与鞣质相互作用机理如图 3.1 所示。皮革在鞣制过程中,植物鞣质的酚羟基与胶原纤维多肽链相互作用反应,使生皮成为革。皮与鞣质之间的相互作用主要包括物理作用和化学结合[2]。一般易被水洗出的鞣质以物理吸附方式存在于革中,不易被水洗出的鞣质可能以可逆结合方式或是不可逆共价结合方式存在于革中。生皮的种类和鞣剂对皮革的热稳定性会产生影响,不同种类的皮经不同类型单宁鞣制后得到的皮革,其热稳定性各不一样[3,4]。

植物鞣法在制革鞣法中历史最悠久,金字塔和古埃及坟墓中发现的各式各样的皮革制品表明,古埃及在公元前 2500 年就已经开始植物鞣革[5]。在罗马,杨树皮、柳树皮、马尾松树皮、漆树叶及五倍子都曾用于植物鞣革,各种植物染料也用于皮革的染色。到了 1795 年,植物鞣料多达 100 种以上。单宁、鞣质一词也同时出现了,它代表着许多天然植物中存在能与胶原结合的多元酚化合物。后来瑞典的 E.斯蒂阿斯尼和 K.H.古斯塔夫松、德国的 F.克纳普和 W.格拉斯曼、美国的 R.M.洛拉尔、南非的 S.G.沙特尔沃思、中国的张铨等人在植物鞣法上开展了大量的研究工作,取得了很大进展[1]。在 18 世纪末到 19 世纪期间,植物鞣法的应用研究有了较大的发展。世界各地所使用的鞣料各不相同,种类也不一样。如当时欧洲盛行的摩洛哥羊革,是以苏木为鞣料;中国北方地区以明矾和植物槐黄为鞣料,将七星皮经过烟熏后再进行鞣制。采用熏染法加工毛皮,则是将五倍子、橡椀等混合鞣料作为染媒。随着磺化处理、真空浓缩等鞣料加工技术的发展以及比重计、pH 计、温度计等测量仪的出现,植物鞣法制造的皮革质量显著提高。植物鞣革成革坚实饱满、组织紧密、延伸性小、成型性好,至今仍是制革的重要方法之一。

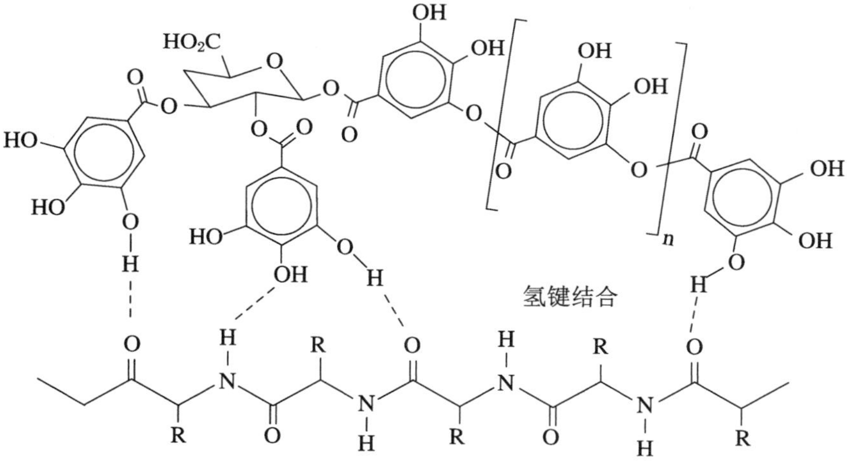

图 3.1　胶原蛋白与鞣质相互作用机理[4]

3.3　金　属　鞣　制

　　人们早在公元前 2500 年就知道用石灰脱毛和用明矾鞣革,在裸皮肉面上涂抹或浸渍明矾、蛋黄、面粉和食盐等材料,以此处理生皮。干燥后的生皮不仅不腐烂而且非常柔软,这一过程中起主要作用的是铝盐,这就是原始的铝鞣法。18 世纪晚期,铁鞣方法开始出现,英国约翰逊于 1770 年第一个获得了铁鞣法专利[1]。

参 考 文 献

［1］ 范贵堂.制革技术发展史[J].皮革与化工,2009(6):42-43.

［2］ 陈武勇,李国英.鞣制化学[M].北京:中国轻工业出版社,2011:99-214.

［3］ ONEM E，YORGANCIOGLU A，KARAVANA H A，et al. Comparison of different tanning agents on the stabilization of collagen via differential scanning calorimetry[J]. Journal of Thermal Analysis and Calorimetry，2017，129(1)：615-622.

［4］ CARȘOTE C，BADEA E，MIU L，et al. Study of the effect of tannins and animal species on the thermal stability of vegetable leather by differential scanning calorimetry[J]. Journal of Thermal Analysis and Calorimetry，2016，124(3)：1255-1266.

［5］ VELDMEIJER A J，LAIDLER J. Leather work in ancient Egypt[M]//Encyclopaedia of the history of science，technology，and medicine in non-western cultures. Berlin：Springer，2008：1215-1220.

第4章

皮革劣化影响因素

- ⊙ 温度和湿度
- ⊙ 光
- ⊙ 有害气体
- ⊙ 尘埃和金属离子

　　皮革能否得以较好保存,环境因素起到了关键作用。皮革保存完好的墓葬环境一般处于密封、无光线、饱水或干燥状态[1]。中国南方潮湿墓葬环境中出土的皮革制品有皮带、皮甲、皮手套,北方干燥环境出土的皮革制品有皮靴、皮服、皮囊等。这些皮革文物能够保存下来的共同点是:所处环境稳定,温湿度波动范围较小。

4.1　温度和湿度

　　过高温度将导致皮革文物变色、硬化、变形、开裂,热稳定性降低。Axelsson等[2]研究了热条件下羊皮纸的劣化特性,发现热氧化导致羊皮纸颜色发黑、变黄、变红,湿热稳定性降低,纤维的物理损害数量增加,氨基酸含量发生改变,Axelsson 认为这是温度对羊皮纸的颜色、纤维形貌、组成成分产生了较大影响所致。Larsen[3]将研究的焦点集中在不断升温条件下胶原纤维的形貌变化上,研究发现随着温度从 25 ℃升高到 100 ℃,胶原纤维经历了三个明显的收缩阶段:第一阶段是单根纤维的收缩;第二阶段是当一根纤维收缩的同时,其他纤维也立刻随着收缩;第三阶段是至少两根纤维同时持续收缩的主要收缩阶段。

　　湿度对皮革文物的影响主要表现在两个方面:一是引起文物形变,皮革、羊皮纸在吸收水分后会膨胀,失去水分后会收缩[4]。二是引起生物腐蚀,Kader等[5]在埃及农业博物馆馆藏皮鞋表面上发现了黑曲霉、土曲霉、青霉等6种真菌,认为真菌的出现是由于环境中过高的湿度和粉尘引起的,真菌会产生草酸、柠檬酸等有机酸,使皮革水解、单宁流失,造成皮革的劣化。相对于温度而言,湿度对皮革文物影响更大。Badea等[4]在研究温湿度对羊皮纸劣化影响时还发现,当湿度交替变化时,羊皮纸表现出来的劣化特征更加明显。

高温高湿条件下容易造成皮革胶原蛋白的降解。Badea等[6]采用差式扫描量热法(DSC)研究了胶原纤维的热变函、ΔH和DSC峰高等热力学参数。结果表明,高的温度和湿度对羊皮纸胶原纤维的完整性和稳定性有一定影响。变性温度的变化对应于热稳定性的改变,相对减少的热变函、ΔH和DSC峰高表明胶原纤维结构受到损坏。

4.2　光

光对皮革文物的影响与其波长有关,光辐射分为紫外、可见光和红外辐射。光辐射会导致皮革变色和脆化,造成氨基酸的损失和含量的变化[7,8],影响胶原蛋白的结构和性能[9,10]。Kamińska等[11]利用FTIR技术研究了紫外光照射引起的胶原结构变化,发现紫外光使胶原蛋白主链断裂,三股螺旋结构转变成无规卷曲结构。Miles等[12]研究了在紫外光照射下胶原蛋白发生降解时三股螺旋结构转变成无规卷曲结构的中间状态。Olena等[13]利用红外光谱仪、聚丙烯酰胺凝胶电泳(SDS-PAGE)和原子力显微镜(AFM)分析了经紫外光照射后的胶原蛋白分子量、二级结构以及性能的变化,发现紫外辐射可对胶原蛋白的微观结构和性能造成一定影响。Manfredi等[14]采用LED多光谱成像方法分析了紫外辐射与羊皮纸劣化的关系,通过对比观察羊皮纸光老化前后的图像,发现随着老化时间的增加,控制区域像素总数量明显增加,老化过程中使用紫外光滤镜的图像中失去控制的像素总数量远少于没有使用滤镜的。研究结果表明,光辐射会造成羊皮纸的劣化,但是其影响程度远小于紫外辐射。Badea等[15]利用核磁共振波谱仪(NMR)和热台显微镜(MHT)分析了一定温湿度条件下,光对植鞣革劣化产生的影响。通过对比分析现代皮革和人工老化皮革,发现光照可以使晶格弛豫时间和自旋弛豫时间降低,影响了皮革的热稳定性。Ozgunay 等[16]利用色差计研究了光对不同植鞣革颜色的影响,发现在光照过程中所有皮革都会经历一个颜色变暗的过程,并且在最初 1 h 光照时间里,颜色变化值最明显。水解型单宁和缩合型单宁在耐光性上存在差异,缩合型单宁鞣制的皮革红色调和黄色调增加,而水解型单宁鞣制的皮革仅黄色调增加。

4.3 有害气体

空气中的二氧化硫、二氧化氮等有害气体会侵蚀皮革,使皮革变红或粉化。GAO 等[17]采用 FTIR 技术、TG 法以及 DSC 法分析研究了酸雨对植鞣革劣化的影响。结果表明,酸雨可使胶原蛋白结构发生改变,破坏鞣剂和胶原蛋白之间的交联,导致皮革热稳定性降低。

4.4 尘埃和金属离子

尘埃的成分十分复杂,有固体的酸、碱、盐以及各种菌类微生物,这些物质落在皮革上,不仅影响皮革文物外观,而且一遇潮就会黏合在皮革上发生潮解进而腐蚀文物。当胶原蛋白变性、三股螺旋结构发生解螺旋时,皮革的强度和稳定性降低,在真菌作用下容易发生生物降解。

金属离子是皮革氧化反应的催化剂,会加深皮革损坏程度。Ohlídalová 等[18]利用扫描电子显微镜(SEM)、聚丙烯酰胺凝胶电泳(SDS-PAGE)、电子顺磁共振(EPR)研究了金属离子对皮革文物的影响。认为金属离子中的铁离子和铜离子可以引起皮革的劣化,如硬度降低、变脆、粉化等。Bardet 等[19]则认为绝氧条件下,皮革文物在老化过程中积累的金属氧化物或铁离子,在稳定胶原蛋白分子结构方面扮演了重要角色,而不是氧化反应的催化剂。

参 考 文 献

[1] CAMERON, ESTHER, SPRIGGS J, et al. The Conservation of Archaeological Leather
[M]// Conservation of leather and related materials. Kite M, Thomson R. Oxford:
Elsevier,2006, 244-263.

[2] AXELSSON K M, LARSEN R, SOMMER D V P, et al. Degradation of collagen in
parchment under the influence of heat-induced oxidation: preliminary study of changes
at macroscopic, microscopic, and molecular levels[J]. Studies in Conservation, 2016,
61(1): 46-57.

[3] LARSEN R, VEST M, NIELSEN K. Determination of hydrothermal stability (shrink-
age temperature)[M]//Step leather project: evaluation of the correlation between natu-
ral and artificial ageing and vegetable tanned leather and determination of parameters
for standardization of an artificial ageing method. Second Progress Report, 1993:
61-71.

[4] BADEA E, CARȘOTE C, VETTER W, et al. How parchment responds to temperature
and relative humidity: a combined micro DSC, MHT, SEM and FTIR study[J]. Pro-
ceedings of ICAMS 2012, 2012: 487-489.

[5] KADER R R A, EL-SAYED S S M. Study of the micro biological deterioration effect
on the vegetable-tanned leather shoes from mamluk era with an application on the agri-
cultural museum in egypt[J]. Carbon, 2017(50): 55.

[6] BADEA E, DELLA G G, USACHEVA T. Effects of temperature and relative humidity
on fibrillar collagen in parchment: a micro differential scanning calorimetry (micro
DSC) study[J]. Polymer Degradation and Stability, 2012, 97(3): 346-353.

[7] COOPER D R, DAVIDSON R J. The effect of ultraviolet irradiation on soluble colla-
gen[J]. Biochemical Journal, 1965, 97(1): 139.

[8] RAAB W P. Changes in hydroxyproline content of human dermal collagen following
UV-irradiation in vitro [J]. Cellular and Molecular Life Sciences, 1969, 25 (6):
624-624.

[9] MAJEWSKI A J, SANZARI M, CUI H L, et al. Effects of ultraviolet radiation on the
type-I collagen protein triple helical structure: a method for measuring structural chan-
ges through optical activity[J]. Physical Review E, 2002, 65(3): 031920.

[10]　HAYASHI T, CURRAN-PATEL S, PROCKOP D J. Thermal stability of the triple helix of type I procollagen and collagen. Precautions for minimizing ultraviolet damage to proteins during circular dichroism studies[J]. Biochemistry, 1979, 18(19): 4182-4187.

[11]　KAMIŃSKA A, SIONKOWSKA A. Effect of UV radiation on the infrared spectra of collagen[J]. Polymer Degradation and Stability, 1996, 51(1): 19-26.

[12]　MILES C A, SIONKOWSKA A, HULIN S L, et al. Identification of an intermediate state in the helix-coil degradation of collagen by ultraviolet light[J]. Journal of Biological Chemistry, 2000, 275(42): 33014-33020.

[13]　RABOTYAGOVA O S, CEBE P, KAPLAN D L. Collagen structural hierarchy and susceptibility to degradation by ultraviolet radiation[J]. Materials Science and Engineering: C, 2008, 28(8): 1420-1429.

[14]　MANFREDI M, BEARMAN G, FRANCE F, et al. Quantitative multispectral for the detection of parchment ageing caused by light: a comparison with ATR-FTIR, GC-MS and TGA analyses[J]. International Journal of Conservation Science, 2015, 6(1):3-14.

[15]　BADEA E, ŞENDREA C, CARŞOTE C, et al. Unilateral NMR and thermal microscopy studies of vegetable tanned leather exposed to dehydrothermal treatment and light irradiation[J]. Microchemical Journal, 2016(129): 158-165.

[16]　OZGUNAY H. Lightfastness properties of leathers tanned with various vegetable tannins[J]. The Journal of the American Leather Chemists Association, 2008, 103(10): 345-351.

[17]　GAO Y, YANG S, ZHANG J, et al. Effect of acid rain on vegetable tanned leather [C]. The 5th international conference on advanced materials and systems, 2014: 511.

[18]　OHLÍDALOVÁ M, KU CEROVÁ I, BREZOVÁ V, et al. Influence of metal cations on leather degradation[J]. Journal of Cultural Heritage, 2017(24): 86-92.

[19]　BARDET M, GERBAUD G, LE P L, et al. Nuclear magnetic resonance and electron paramagnetic resonance as analytical tools to investigate structural features of archaeological leathers[J]. Analytical chemistry, 2009, 81(4): 1505-1511.

第5章

皮革文物研究方法

⊙ 扫描电子显微镜法

⊙ 红外光谱法

⊙ 核磁共振波谱法

⊙ 联用技术

　　随着现代科学技术的不断发展,越来越多的仪器分析技术和方法被应用到皮革文物保护领域。将现代仪器分析技术应用于皮革文物的检测中,可以评估文物保存状况,界定文物损坏类型,表征文物损坏及缺陷的程度和范围,分析确认文物损坏原因,为文物的保护修复提供科学依据,对于文物保护的安全性、可靠性具有重要意义。皮革文物研究内容与常用的分析方法如图 5.1 所示,主要有表面分析［光学显微镜法(optical microscope,OM)、扫描电子显微镜法(scanning electron microscopy,SEM)、透射电子显微镜法(transmission electron microscope,TEM)、原子力显微镜法(atomic force microscopy,AFM)］、光谱分析和波谱分析［红外光谱法(fourier transform infrared spectrometer,FTIR)、质谱法(mass spectrometry,MS)、紫外−可见分光光度法(ultraviolet-visible spectrophotometry,UV-vis)、核磁共振波谱法(nuclear magnetic resonance,NMR)］、色谱分析［气相色谱法(gas chromatography,GC)、液相色谱法(liquid chromatography,LC))、热分析(差式扫描量热法(differential scanning calorimetry,DSC)、热重法(thermogravimetry,TG)、热失重法(thermogravimetric analysis ,TGA)、显微热台法(micro hot table,MHT)］以及多种仪器的联用技术等。

5.1 扫描电子显微镜法

扫描电子显微镜法（SEM）是指将一定能量的电子束撞击样品表面，利用激发的各种物理信息来对样品的表面形貌、成分及结构进行观察和分析。SEM具有分辨率高、所需样品少、易操作等特点，在物理学、化学、生物学、材料学、考古学、文物保护学等领域得到了广泛应用。同时，在皮革文物的材质鉴别、劣化特性的表征、病害情况调查以及保护效果评估等方面也得到了推广和应用。

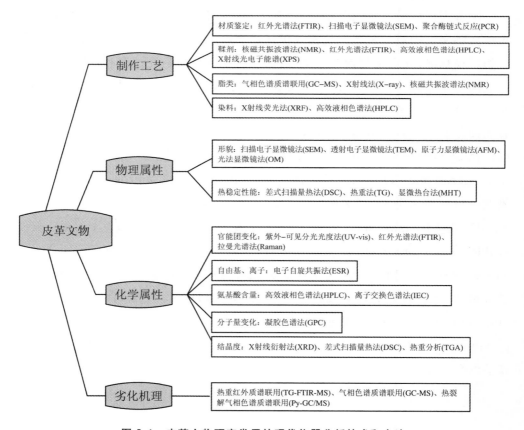

图 5.1 皮革文物研究常用的现代仪器分析技术和方法

皮革由动物皮制作而成，不同的动物皮的表面形貌、显微组织结构特征各不相同,且存在着明显差异。猪皮粒面毛孔大,三个一组,呈品字形排列;牛皮粒面毛孔小,分布均匀;羊皮粒面毛孔成组成排地分布。因此,通过观察皮革的粒面、肉面,以及胶原纤维的形貌特征,可以对皮革文物的种类进行鉴别。根据动物皮的形貌特征,我们利用扫描电镜将出土战国皮革的粒面、肉面和横断面与现代皮革进行了对比,鉴别出战国皮革制品是由羊皮制作而成[1]。Bernath[2]通过显微图像推测出皮革藏品的材质种类有牛皮、山羊皮、绵羊皮等。Spangenberg等[3]通过光学、电子显微镜对 4000 多年前新石器时期皮革毛发的结构特征进行了观察,认为其特征与现代山羊皮毛发结构特征类似,从而推断此动物皮为山羊皮。

劣化皮革文物会在外观形貌上发生明显变化,如颜色变暗、表面开裂、胶原纤维板结,通过观察这些表面形貌特征可以分析皮革文物的病害情况,评估保护修复效果。Kautek 等[4]观察了胶原纤维在不同能量激光照射下形貌结构上的变化,发现当激光能量密度达到 1.2 J/cm 时,胶原纤维发生了急剧融化。Vornicu 等[5]利用 SEM 对 18～19 世纪书面革的降解程度进行了定量分析,为定性皮革降解机理类型提供了信息。Facchini 等[6]利用 SEM 对保护处理前后羊皮纸的粒面和肉面进行了观察,发现火灾损坏过的羊皮纸表面粗糙,纤维束变大,经修复处理后基本恢复了原有形貌。

生物病害是导致皮革文物降解劣变的主要原因之一,其中以真菌最为常见[7]。真菌可以造成皮革文物的腐败,甚至直接导致皮革文物的损毁。因此,真菌的检测和鉴别在皮革文物生物病害的防治中显得尤为重要。目前,真菌的检测和鉴别主要利用光学显微镜和扫描电子显微镜,通过观察真菌的形态特征来实现。Mansour 等[8]利用 SEM 对书面革上的真菌菌落进行了观察,根据真菌的形态特征,鉴别出枝孢菌、溜曲霉、谢瓦散囊菌、烟曲霉等 6 种真菌。Koochakzaei 等[9]在研究 11～13 世纪塞尔柱王朝皮革制品的赤变病害时,利用 SEM 观察发现皮革表面有枝孢菌、青霉菌和毛癣菌,并且带有螺旋菌丝结构的毛癣菌已深入皮革内部,认为毛癣菌是造成皮革腐蚀的主要真菌。

5.2 红外光谱法

傅里叶变换红外光谱(FTIR)技术是一种光谱分析技术,其原理是利用不同官能团的特征吸收峰来分析化合物的组成和分子结构。傅里叶变换红外光谱技术具有分辨率高、波长精度高、灵敏度高等优点,是研究蛋白质二级结构变化的有力手段[9]。由于使用的样品量较少,特别适合于文物材料的无损或微损分析,该方法已被广泛应用于考古、文物保护领域[10-13]。同时,在皮革文物保护上也得到了普遍应用。研究范围主要集中在胶原蛋白分子的结构、组成和制作皮革时使用的鞣剂单宁上。在皮革文物和羊皮纸劣化特性的表征、劣化机理分析、保存状况评估、保护效果评价等方面起到了重要作用。

胶原蛋白分子结构的研究主要以二级结构为主,其中酰胺Ⅰ带 1600~1700 cm⁻¹较为普遍。Badea 等[14]采用 FTIR 技术,通过劣化羊皮纸中胶原蛋白酰胺Ⅰ/Ⅱ带的特征吸收峰位置和强度,表征了古代羊皮纸的劣化特性。Boyatzis等[15]采用 FTIR 技术,研究了人工老化羊皮纸胶原蛋白酰胺Ⅰ/Ⅱ带的二级结构,发现伴随着羊皮纸的老化,α螺旋结构含量减少,无规卷曲结构增加,认为羊皮纸老化过程中出现的凝胶化现象与其微观结构变化有关。

皮革制作时使用的鞣剂单宁对其劣化程度也会造成较大影响。由于不同种类单宁的红外光谱图具有不同特征,因此有学者通过单宁红外特征吸收峰来研究皮革制作时使用的鞣剂种类。Falcão 等[16]采用 FTIR 技术和紫外-可见吸收光谱技术(UV-vis)对 19 世纪古皮革的制作工艺进行了研究,通过对比分析样品中的鞣剂单宁和当时流行使用的多种植物鞣剂的红外光谱图,认为古皮革为摩洛哥革。Puică 等[17]通过红外光谱对书面革上使用的鞣剂单宁进行了鉴别,发现其红外光谱特征吸收峰与橡木一致,从而推断该书面革使用了橡木作为鞣剂。

5.3　核磁共振波谱法

核磁共振波谱法(NMR)非常适用于材料微观结构的研究,能够提供丰富细致的结构信息,是研究高分子材料微观结构的有力手段。它可以通过建立化学环境和化学位移之间的关联来获取化合物结构方面的信息。核磁共振波谱提供了两个方面的参数:一是吸收峰面积范围;二是吸收频率,即化学位移。

固体核磁是核磁共振波谱学的重要组成部分,它具有以下优点:

(1) 可用于直接检测不易溶解的固体样品,也可用于检测溶解后性状和结构遭到破坏或改变的高分子物质。

(2) 固体核磁通过采用魔角旋转(消除同核偶极相互作用、化学位移各向异性)和交叉极化技术(通过极化转移,增强稀核的灵敏度),可提高谱图分辨率和增加信号强度。

(3) 大部分生物材料中的水和蛋白质质子具有不同的弛豫时间 T_2,易于将两者区分开来。

(4) 样品在测试过程中无损,并且用量少,达到毫克级,目前条件下样品只需 5~10 mg 即可。因此,固体核磁能满足文物样品分析检测微量和无损的要求,非常适用于文物样品的检测,被广泛用于分析壁画、纸张、丝织品、木材、漆器、动物骨骸等有机质文物的成分结构信息,特别是在胶原蛋白类材料的结构和性能研究方面也得到了应用。

Masic 等[18]利用固体核磁波谱技术对羊皮纸的组成成分胶原蛋白和其中的油脂进行了研究,分析了现代羊皮纸和古代羊皮纸中水分、脂类对其性能的影响。核磁共振氢谱表明,纵向弛豫时间的变化与水和胶原蛋白之间的相互作用有关,这种作用使得羊皮纸的结构发生改变。T_1 质子纵向弛豫时间越短,水分含量越低,胶原分子劣化越严重。核磁共振碳谱检测出了油脂类物质,表明羊皮纸制作时没有经过浸灰、脱毛、脱脂处理,脂类和胶原的碳谱信号减弱表明羊皮纸中的脂类物质在劣化过程中发生了降解。Aliev 等[19]利用固体核磁共振碳谱对羊皮纸和明胶的劣化情况进行了评估,利用氢谱探究了束缚水的作用,通过氢谱和弛豫时间估算了结构水含量。研究结果表明,束缚水对胶原蛋白的结构稳定性起重要作用,羊皮纸的相对含水量与碳谱线宽呈线性关系,水的减少伴随着羊皮纸的劣化。此外,Aliev 还通过碳谱化学位移分析了胶原蛋白的主链运动方式,发现其运动方式与其他蛋白类似,主要是内部键方向的小角振动。

单边核磁共振[20]也可用于评估植鞣革病害程度及其热性能,弛豫时间和收缩温度可作为评价胶原与单宁相互作用,以及劣化皮革结构稳定性的指标。通过现代牛皮、羊皮以及不同人工老化时间的牛皮、羊皮的弛豫时间和收缩温度对比研究,发现弛豫时间受动物种类和鞣剂类型的影响,收缩温度随着老化时间的延长而明显降低,其中栗子鞣制的皮革表现最为明显。

固体核磁共振技术还可用于检测皮革中的鞣剂单宁和润滑剂,电子顺磁共振用于检测皮革中金属离子和自由基。Bardet 等[21]利用固体核磁共振和电子顺磁共振对皮革文物进行了研究,从分子层面表征了皮革文物老化特征。研究结果表明,古代皮革和纯胶原蛋白具有相同的化学位移。古代皮革中没有检测出单宁碳谱信号,表明皮革未经鞣制处理或鞣剂已降解。皮革文物中残留的金属离子没有加速其劣化,反而有助于其保存。单宁和氨基酸在碳谱中各自有不同的化学位移,很容易将两者区别开来。DEPT 谱图检测出现代皮革样品中使用了润滑剂。

5.4 联 用 技 术

1. 热重-红外(TG-FTIR)联用技术

皮革容易受热、光、有害气体等环境因素影响而发生降解,其中温度的变化对皮革结构稳定性影响很大,过高温度会导致皮革变色、硬化、开裂、胶原纤维收缩、热稳定性降低。Badea 等[22]利用 DSC 方法研究发现,温度对羊皮纸胶原蛋白纤维的完整性和稳定性有一定影响,变性温度的变化表明热稳定性的改变。在受热情况下,胶原蛋白发生变性、凝胶化[23]。热变性可以使胶原蛋白微观结构发生不可逆变化,螺旋结构转变成无规卷曲结构[24]。

　　热稳定性代表皮革的物理性能,是一项评估皮革文物保存状况的重要参数。胶原蛋白结构保持稳定主要是因为存在氢键,以及胶原分子内和分子间的三种共价交联。高温使胶原蛋白变性,在温度不断升高情况下,胶原蛋白中连接三条肽链的氢键作用力逐渐减弱,交联键被破坏。由于古代皮革胶原蛋白分子之间交联键断裂,比现代皮革更容易氧化,因此,在热降解过程中表现出与现代皮革不同的热稳定性,可用于评估皮革不同的劣化程度[25]。

　　热分析主要是研究物质的物理(相态变化)和化学变化,如蛋白质的氧化、分解、脱水,非常适合对生物大分子的结构和性能进行研究[26],尤其是胶原蛋白的稳定性。通过热分析可以表征皮革在受热过程中表象上发生的变化,从而探究其结构和性能上的本质变化,也可以用于表征皮革的劣化过程,评估皮革文物的老化程度以及结构稳定性和热性能,还可以通过热变性和挥发产性物来分析其热降解机理,为皮革文物的劣化机理研究提供依据。目前,热分析技术在皮革文物保护中得到了广泛应用,一直是文物保护工作者关注的研究重点。热分析技术一般用于研究皮革文物的热稳定性[27],主要方法有 TG 法、差热分析法(DTA)、DSC 法、热台法[25,28-34]。

　　虽然每一类检测仪器都有其独特功能,但都会受到一定条件的限制。单一的热分析技术只能提供一些物理方面信息,不能定性表征挥发性产物,对于分析物质组成和结构有一定局限性。此外,有研究表明,胶原蛋白中不同种类氨基酸呈现出不同的热稳定性,裂解挥发性产物和裂解过程也各不一样[35],因此,单独的质谱(MS)也不能为热裂解机理的分析带来理想结果。而热重-红外(TG-FTIR)、热重-质谱(TG/MS)、热裂解-气相色谱质谱(PY-GC/MS)等热分析联用技术是将两种或多种测试仪器结合起来,可以取长补短,同时获得两种设备各自单独使用时所不具备的某些功能。所以,联用分析技术已成为当前分析检测发展的主要方向,为我们提供了更好的解决方案,能带来更加丰富的信息。

　　热重-红外(TG-FTIR)联用技术通过吹扫气将物质热分解过程中产生的挥发性产物导入红外光谱仪的光路中来分析判断逸出气体的组分结构,是研究分子结构的有力手段,可实时检测有机材料受热分解过程中的挥发性产物以及生成温度起始点和温度范围,从而完整了解材料的热分解过程和热分解产物。热重分析法(TG)能给出热分解温度、热失重百分含量,红外光谱(IR)能给出挥发性气体确切的组分结构,被广泛应用于对高分子材料的热稳定性和热降解机理的研究中[36-38]。Cucos 等[39]采用热重-微分热重-红外（TG-DTG-FTIR）联用技术对牛跟腱中提取的Ⅰ型胶原蛋白的热性能进行了研究。发现氮气条件下胶原蛋白的热裂解过程首先是脱水，然后发生裂解，逸出气体有吡咯、氢氰酸、乙烷等。在氧气条件下热裂解过程分为两步，后者伴随高发热。红外光谱图证明逸出气体有二氧化碳、氨气、水、异氰酸、甲烷、一氧化碳等，并释放氮氧化合物。Yang 等[40]采用热重-质谱-红外（TG-MS-FTIR）联用技术，通过逸出气体研究了牛皮胶原纤维的热分解过程，阐述了胶原纤维的热分解机理以及分解途径。研究结果表明，胶原纤维的热分解分为三个主要阶段，即融化、氧化和分解。氨气、二氧化碳、一氧化碳同时产生表明胶原蛋白的热降解首先是分子中碳氧双键（C＝O）、碳硫键（C—S）、碳氮键（C—N）遭到破坏。

2. 热裂解-气相色谱质谱（Py-GC/MS）联用技术

热裂解-气相色谱质谱技术是利用材料在高温条件下分子链发生断裂，短时间内生成的分子碎片或小分子物质来研究材料分子结构组成以及发生的化学变化过程，是一种研究高分子材料热分解产物的有效手段。因其具有分离效能好、灵敏度高、样品用量少、分析速度快等优点，被广泛应用于生物工程、微生物学、医药卫生、能源及地球化学等领域[41-46]。可对复杂的有机材料进行定性、定量分析。目前，该技术在皮革文物的性能、结构和成分研究中也得到了广泛应用。

Sebestyén 等[47]采用热重-质谱（TG-MS）联用技术、热裂解-气相色谱质谱（Py-GC/MS）联用技术对现代、古代、人工老化植鞣革和羊皮纸的热性能进行了研究，分析了皮革和羊皮纸老化过程中的结构和化学变化。研究结果表明，经酸、碱和热脱水处理能使现代皮革和羊皮纸胶原蛋白的结构发生化学变化，改变皮革中单宁的含量，与自然老化的古代样品相似。老化皮革和羊皮纸的热分解最大速率明显降低。胶原蛋白多肽主要的挥发性产物是二酮哌嗪，CO_2 和 H_2O 的形成说明胶原侧基发生了氧化。在自然老化和碱处理过程中，皮革中单宁的含量比多肽链主结构更容易受到影响。Marcilla 等[48]采用 TG、Py-GC/MS 联用技术对经过氢氧化钠处理和没有处理过的不同鞣剂鞣制的皮革进行了对比研究。结果表明，经碱处理后，皮革最高分解温度下降，不同鞣剂鞣制的皮革分解温度下降程度不一样，分解温度范围也变小。碱处理样品挥发性产物中的含氮化合物含量大大高于未处理样品。

参 考 文 献

［１］　张杨,龚德才,杨中华,等.山东沂源出土战国皮革文物的材质鉴别[J].文物保护与考古科学,2015,27(1):59-64.

［２］　BERNATH A, MIU L, GUTTMANN M. Identifications, microanalyses, evaluations and diagnosis of an ethnographical leather object[C]//9th International Conference on NDT of Art. Jerusalem,2008.

［３］　SPANGENBERG J E, FERRER M, TSCHUDIN P, et al. Microstructural, chemical and isotopic evidence for the origin of late neolithic leather recovered from an ice field in the Swiss Alps[J]. Journal of Archaeological Science, 2010, 37(8): 1851-1865.

［４］　KAUTEK W, PENTZIEN S, CONRADI A, et al. Diagnostics of parchment laser cleaning in the near-ultraviolet and near-infrared wavelength range: a systematic scanning electron microscopy study[J]. Journal of Cultural Heritage, 2003(4): 179-184.

［５］　VORNICU N, DESELNICU V, BIBIRE C, et al. Analytical techniques used for the characterization and authentification of six ancient religious manuscripts (XVIII-XIX centuries)[J]. Microscopy research and technique, 2015, 78(1): 70-84.

［６］　FACCHINI A, MALARA C, BAZZANI G, et al. Ancient parchment examination by surface investigation methods[J]. Journal of colloid and interface science, 2000, 231 (2): 213-220.

［７］　MARUTHI Y A, LAKSHMI K A, RAO S R, et al. Prevalence of keratinophilic fungi on feather, leather antiques and paintings of some museums of andhra pradesh, India [J]. Comprehensive Journal of Environmental and Earth Sciences, 2013, 2(3), 35-37.

［８］　MANSOUR M, HASSAN R, SALEM M. Characterization of historical bookbinding leather by FTIR, SEM-EDX and investigation of fungal species isolated from the leather [J]. Egyptian Journal of Archaeological and Restoration Studies, 2017, 7(1): 1.

［９］　KOOCHAKZAEI A, ACHACHLUEI M M. Red stains on archaeological leather: degradation characteristics of a shoe from the 11th-13th centuries (Seljuk period, Iran)[J]. Journal of the American Institute for Conservation, 2015, 54(1): 45-56.

［10］　KONG J, YU S, Fourier transform infrared spectroscopic analysis of protein secondary structures[J]. Acta biochimica et biophysica Sinica, 2007, 39(8): 549-559.

［11］　MARGARIS A V. Fourier transform infrared spectroscopy (FTIR): applications in archaeology[J]. Encyclopedia of Global Archaeology, 2014: 2890-2893.

[12] EL-GAMAL R, ABDEL-MAKSOUD G, DARWISH S, et al. FTIR analysis for the e-valuation of some triazole fungicides for the treatment of wooden artifacts[J]. Mediter-ranean Archaeology and Archaeometry, 2018, 18(2): 141-151.

[13] HAN Y, JIAN L, YAO Y, et al. Insight into rapid DNA-specific identification of ani-mal origin based on FTIR analysis: a case study[J]. Molecules, 2018, 23(11): 2842.

[14] FIERASCU I, FIERASCU R C, FOTEA P. Application of fourier-transform infrared spectroscopy (FTIR) for the study of cultural heritage artifacts[C]//VR Technologies in Cultural Heritage: First International Conference. Berlin: Springer Press, 2019: 3.

[15] BADEA E, CARŞOTE C, VETTER W, et al. How parchment responds to temperature and relative humidity: A combined micro DSC, MHT, SEM and FTIR study[J]. Pro-ceedings of ICAMS 2012, 2012: 487-489.

[16] BOYATZIS S C, VELIVASAKI G, MALEA E. A study of the deterioration of aged parchment marked with laboratory iron gall inks using FTIR-ATR spectroscopy and mi-cro hot table[J]. Heritage Science, 2016, 4(1): 13.

[17] FALCÃO L, ARAÚJO M E M. Application of ATR-FTIR spectroscopy to the analysis of tannins in historic leathers: the case study of the upholstery from the 19th century Portuguese Royal Train[J]. Vibrational Spectroscopy, 2014(74): 98-103.

[18] PUICĂ N M, PUI A, FLORESCU M. FTIR spectroscopy for the analysis of vegetable tanned ancient leather[J]. European Journal of Science and Theology, 2006, 2(4): 49-53.

[19] MASIC A, CHIEROTTI M R, GOBETTO R, et al. Solid-state and unilateral NMR study of deterioration of a Dead Sea Scroll fragment[J]. Analytical and Bioanalytical Chemistry, 2012, 402(4): 1551-1557.

[20] ALIEV A E. Solid-state NMR studies of collagen-based parchments and gelatin[J]. Bio-polymers, 2005, 77(4): 230-245.

[21] SENDREA C, BADEA E, MIU L, et al. Unilateral NMR for damage assessment of vegetable-tanned leather correlation with hydrothermal properties. The 5th internation-al conference on advanced materials and systems[C]. Bucharest, Romania: 2014: 555-560

[22] BARDET M, GERBAUD G, LE P L, et al. Nuclear magnetic resonance and electron paramagnetic resonance as analytical tools to investigate structural features of archaeo-logical leathers[J]. Analytical Chemistry, 2009, 81(4): 1505-1511.

[23] BADEA E, SOMMER D V P, AXELSSON K M, et al. Damage ranking of historic parchment: from microscopic studies of fibre structure to collagen denaturation assess-ment by micro DSC[J]. E-Preservation Science, 2012(9): 97-109.

[24] CARŞOTE C, BADEA E, MIU L, et al. Study of the effect of tannins and animal species on the thermal stability of vegetable leather by differential scanning calorimetry[J]. Journal of Thermal Analysis and Calorimetry, 2016, 124(3): 1255-1266.

[25] MAKHATADZE G I, PRIVALOV P L. Energetics of protein structure[M]//Advances in protein chemistry. Pittsburgh: Academic Press, 1995(47): 307-425.

[26] BUDRUGEAC P, CARŞOTE C, MIU L. Application of thermal analysis methods for damage assessment of leather in an old military coat belonging to the history museum of braşov-Romania[J]. Journal of Thermal Analysis and Calorimetry, 2017, 127(1): 765-772.

[27] LOKE W K, KHOR E. Validation of the shrinkage temperature of animal tissue for bioprosthetic heart valve application by differential scanning calorimetry[J]. Biomaterials, 1995, 16(3): 251-258.

[28] CHAHINE C. Changes in hydrothermal stability of leather and parchment with deterioration: a DSC study[J]. Thermochimica Acta, 2000, 365(1,2): 101-110.

[29] FESSAS D, SIGNORELLI M, SCHIRALDI A, et al. Thermal analysis on parchments I: DSC and TGA combined approach for heat damage assessment[J]. Thermochimica Acta, 2006, 447(1): 30-35.

[30] ODLYHA M. The applications of thermoanalytical techniques to the preservation of art and archaeological objects[M]//Handbook of thermal analysis and calorimetry. Amsterdam: Elsevier Science BV, 2003(2): 47-96.

[31] BUDRUGEAC P, MIU L, BOCU V, et al. Thermal degradation of collagen-based materials that are supports of cultural and historical objects[J]. Journal of Thermal Analysis and Calorimetry, 2003, 72(3): 1057-1064.

[32] BUDRUGEAC P, MIU L, POPESCU C, et al. Identification of collagen-based materials that are supports of cultural and historical objects[J]. Journal of Thermal Analysis and Calorimetry, 2004, 77(3): 975-985.

[33] BUDRUGEAC P, MIU L, SOUCKOVA M. The damage in the patrimonial books from Romanian libraries[J]. Journal of Thermal Analysis and Calorimetry, 2007, 88(3): 693-698.

[34] BUDRUGEAC P, CUCOS A, MIU L. The use of thermal analysis methods for authentication and conservation state determination of historical and/or cultural objects manufactured from leather[J]. Journal of Thermal Analysis and Calorimetry, 2011, 104(2): 439-450.

[35] CUCSO A, BUDRUGEAC P, MIU L. DMA and DSC studies of accelerated aged parchment and vegetable-tanned leather samples[J]. Thermochimica Acta, 2014(583):

86-93.

[36] 李菲斐.蛋白质、氨基酸热裂解生成氢氰酸的研究[D].郑州:郑州烟草研究院,2012.

[37] XU F，WANG B，YANG D，et al. Thermal degradation of typical plastics under high heating rate conditions by TG-FTIR：Pyrolysis behaviors and kinetic analysis[J]. Energy Conversion and Management，2018(171)：1106-1115.

[38] ZHANG Z，WANG C J，HUANG G，et al. Thermal degradation behaviors and reaction mechanism of carbon fibre-epoxy composite from hydrogen tank by TG-FTIR[J]. Journal of Hazardous Materials，2018(357)：73-80.

[39] 张艺颖,马增益,严建华.采用热重红外联用技术研究猪肉的热解特征[J].农业环境科学学报,2018,37(9):2052-2060.

[40] CUCOS A，BUDRUGEAC P. Simultaneous TG/DTG-DSC-FTIR characterization of collagen in inert and oxidative atmospheres[J]. Journal of Thermal Analysis and Calorimetry，2014，115(3)：2079-2087.

[41] YANG P，HE X，ZHANG W，et al. Study on thermal degradation of cattlehide collagen fibers by simultaneous TG-MS-FTIR[J]. Journal of Thermal Analysis and Calorimetry，2017，127(3)：2005-2012.

[42] SABATINI F，NACCI T，DEGANO I，et al. Investigating the composition and degradation of wool through EGA/MS and Py-GC/MS[J]. Journal of Analytical and Applied Pyrolysis，2018(135)：111-121.

[43] MARTÍNEZ M G，OHRA -AHO T，DA SILVA P D，et al. Influence of step duration in fractionated Py-GC/MS of lignocellulosic biomass[J]. Journal of Analytical and Applied Pyrolysis，2019(137)：195-202.

[44] CHEN W H，WANG C W，KUMAR G，et al. Effect of torrefaction pretreatment on the pyrolysis of rubber wood sawdust analyzed by Py-GC/MS[J]. Bioresource Technology，2018(259)：469-473.

[45] FANG S，YU Z，MA X，et al. Analysis of catalytic pyrolysis of municipal solid waste and paper sludge using TG-FTIR，Py-GC/MS and DAEM (distributed activation energy model)[J]. Energy，2018(143)：517-532.

[46] JIANG L，ZHANG D，LI M，et al. Pyrolytic behavior of waste extruded polystyrene and rigid polyurethane by multi kinetics methods and Py-GC/MS[J]. Fuel，2018(222)：11-20.

[47] MA S，CHEN Y，LU X，et al. Soil organic matter chemistry：based on pyrolysis-gas chromatography-mass spectrometry (Py-GC/MS)[J]. Mini-Reviews in Organic Chemistry，2018，15(5)：389-403.

[48] SEBESTYÉN Z，CZÉGÉNY Z，BADEA E，et al. Artificially aged and historical leath-

er and parchment[J]. Journal of Analytical and Applied Pyrolysis, 2015(115)：419-427.

[49]　MARCILLA A，GARCÍA A N，LEÓN M，et al. Study of the influence of NaOH treat-ment on the pyrolysis of different leather tanned using thermogravimetric analysis and Py/GC-MS system[J]. Journal of Analytical and Applied Pyrolysis，2011，92（1）：194-201.

皮革文物材质种类鉴别

⊙ 红外光谱技术结合扫描电镜鉴别皮革文物材质种类

⊙ 生物质谱技术鉴别皮革文物材质种类

　　皮革文物保护研究遵循一般文物保护研究方式,流程如下:价值认知→病
害分析→模拟实验→保护实施。文物的价值认知是保护的首要任务,而皮革文
物材质种类鉴别是实现价值认知的关键步骤。准确辨识皮革文物的材质种类,
有效评估皮革文物的保存状况是皮革文物保护修复的关键环节,能较好地促进
皮革文物保护工作的开展。不同皮料、不同工艺技术,代表着古代皮革的制作
技术水平。不同种类动物皮之间的差异性将直接影响保护材料的筛选和保护
工艺的设计。因此,在保护过程中要特别注重对工艺信息的保护,不能因保护
处理使这些重要价值信息丢失。

　　本章将介绍红外光谱技术、扫描电镜、生物质谱技术在皮革文物种类鉴别
上的应用案例。

6.1　红外光谱技术结合扫描电镜鉴别
皮革文物材质种类

　　2010 年 11 月,山东省淄博市沂源县东里东村发掘了一座战国晚期墓葬,
墓葬规模较大,保存完好,随葬品丰厚,种类繁多,在山东属罕见,尤其是出土的
囊对北方考古发掘来说更为珍贵。囊共有 8 片,呈圆拱形,表面有四个穿孔,周

边有缝合的针眼。囊出土时浸泡在水中,颜色发黑,糟朽严重。囊是荷包的前身,用于包裹物品,一般用皮革制作。这为研究北方地区战国时期的皮革制品提供了重要的实物依据。研究利用衰减全反射-傅里叶变换红外光谱技术(ATR-FTIR)和扫描电子显微检测技术,对出土皮革文物的材质种类鉴别方法进行了初步探索。

6.1.1　实验

实验材料为山东沂源出土的战国皮囊残片和现代羊皮革样品。主要实验仪器为美国热电仪器公司(Thermo Scientific Instrument Co.)生产的 Nicolet 8700 型傅里叶变换红外光谱仪,荷兰 FEI 公司生产的 Sirion 200 型场发射扫描电子显微镜。仪器的使用方法主要介绍如下:

1. 衰减全反射-傅里叶变换红外光谱分析

仪器预热稳定后,将样品直接放在锗晶体上,旋转采样器固定钮压住样品,在 4000~500 cm^{-1} 范围内扫描样品,采集样品的衰减全反射傅里叶变换红外光谱的谱图,扫描次数为 32 次,保存谱图。采用纵坐标变化、点平滑、归一化及基线校正等预处理方法对光谱图进行处理。

2. 扫描电子显微镜(SEM)分析

用去离子水浸泡样品,再进行超声波清洗,去除样品表面的污染物,再用去离子水冲洗干净。浸洗两次后,真空干燥。将干燥后样品区分为上表面、下表面,分别用导电胶带直接固定于样品台上,横截面采用石蜡切片的方式制片[1],再用导电胶带固定于样品台上。将样品台置于离子溅射仪中喷金属膜,喷金时间约为 120 s,最后可使用扫描电镜在高真空模式下观察样品。

6.1.2　结果与讨论

1. 红外光谱分析

天然皮革的主要成分是胶原蛋白,它由 18 种 α-氨基酸通过肽键连接而成,α-氨基酸的通式为 R—CH(NH$_2$)—COOH,且在猪、牛、羊、马等天然皮革的胶原蛋白中,碳、氢、氮、氧、硫等元素的含量十分接近[2-3]。红外光谱反映了化学官能团的结构信息,因而猪、牛、羊、马等天然皮革的红外光谱特征也呈现相似规律。

　　α-氨基酸中的主要官能团有亚甲基、羧基、胺基等,其中在波数 3323 cm^{-1} 附近的是—NH$_2$ 伸缩振动的特征吸收峰;在波数 2925 cm^{-1}、2854 cm^{-1} 和 1452 cm^{-1} 附近的分别是—CH$_2$—的不对称伸缩振动、对称伸缩振动和剪式振动的特征吸收峰;羧基中的羰基伸缩振动的特征吸收峰在波数 1652 cm^{-1} 附近,是蛋白红外光谱中最强的吸收带,被称为酰胺 I 谱带;在波数 1552 cm^{-1} 附近的是—CN—伸缩振动和—NH$_2$ 剪式振动的特征吸收峰,形成较强的吸收带,被称为酰胺 II 谱带;在波数 1238 cm^{-1} 附近的是羧基中的羰基伸缩振动和碳与胺基伸缩振动的特征吸收峰,被称为酰胺 III 谱带[4]。这些特征峰为皮革的鉴别提供了理论基础。

　　战国皮革样品的衰减全反射-傅里叶变换红外光谱如图 6.1 所示。样品在 3320～3140 cm^{-1} 附近存在较宽的 N—H 伸缩振动的特征吸收峰,在 2922 cm^{-1} 附近有—CH$_2$—不对称伸缩振动的特征吸收峰,在 1652 cm^{-1} 附近存在非常强的 C=O 伸缩振动的特征吸收峰(酰胺 I),在 1548 cm^{-1} 附近出现强的 N—H 面内弯曲振动和 C—N 伸缩振动的特征吸收峰(酰胺 II),在 1444 cm^{-1} 左右存在—CH$_2$—弯曲振动的特征吸收峰,在 1237 cm^{-1} 附近有 C—N 及 C—O 伸缩振动的特征吸收峰(酰胺 III),在 1034 cm^{-1} 存在 C—O 的伸缩振动特征吸收峰。这些吸收峰均为天然皮革的典型特征吸收峰,因而可以确定样品为天然皮革制品。

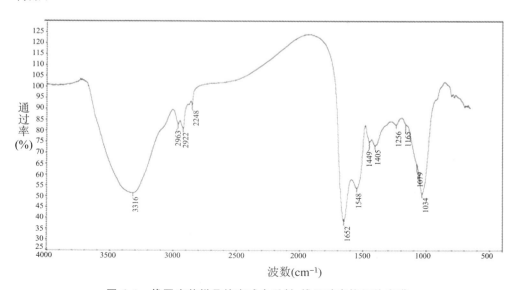

图 6.1　战国皮革样品的衰减全反射-傅里叶变换红外光谱

胡子文[5]等发现羊皮和牛皮的红外光谱图虽然比较相似,但相同位置特征吸收峰的强度却有所不同,羊皮在 1096 cm⁻¹ 和 1033 cm⁻¹ 处出现的特征吸收峰与牛皮在 1152 cm⁻¹ 和 1020 cm⁻¹ 两处出现的特征吸收峰差别较明显,位置与峰形均相差显著,可以用来鉴别羊皮革和牛皮革。通过样品的衰减全反射-博里叶变换红外光谱分析,沂源出土皮革文物样品在 1034 cm⁻¹ 处存在吸收峰,有可能为羊皮革。虽然红外光谱的分析结果是区分天然皮革和人造皮革的利器,但是出土皮革文物样品中除了原本的胶原蛋白外,在长期的埋藏过程会混入各种污染物,导致红外光谱的特征吸收峰发生红移或蓝移。所以,对于天然皮革的种类鉴别,红外光谱分析只能作为参考。

2. SEM 结果分析

在皮革行业中,通过显微技术观察皮板的表皮、乳头层、网状层,以及真皮内的毛囊、汗腺、脂腺、肌肉组织等的形貌和分布状态,胶原纤维束及胶原纤维、弹性纤维等的形态和编织方式,可以对天然皮革的种类进行鉴别[6]。天然皮革的种类鉴别是一项技术难度大、风险高的检测项目,其鉴定结果受皮革材料本身特点的限制,如动物的生长区域、环境及动物个体部位差异等,以及皮革工艺流程、检验设备、鉴定人员专业知识背景及经验等因素的影响,在 2012 年之前,国内外并没有公开颁布的皮革种类鉴别方法标准。

2012 年 8 月 8 日,欧洲标准委员会皮革技术委员会(CEN/TC 289)依据 ISO 与 CEN 之间的技术合作协议(维也纳协议)和国际皮革工艺学家与化学家协会联合会(IULTCS)共同制定了"ISO 17131:2012 Leather-Identification of leather with microscopy"(皮革-用显微镜鉴别皮革)[7-8]。这项国际标准的出台,打破了多年来皮革材质种类鉴别方法没有统一标准、只能基于资深人员经验判断的僵局,规范了以显微镜鉴别皮革材质的方法。

但是,对于出土皮革文物材质的鉴别,传统的光学显微镜法并不能完全满足研究需求。因此,本研究中采用分辨率、放大倍数更高的扫描电子显微镜,对样品的粒面(皮革的正面)、肉面(与粒面相反的一面,即生皮内部不带毛的一面)和横截面进行观察,并将古代皮革和现代皮革的显微特征进行对比分析。

天然皮革的粒面一般都有较清晰的毛孔和花纹,且因动物皮种类的不同,毛孔呈现不同的排列规律,粒面特征是鉴别不同动物皮革的最确切依据。猪皮革、牛皮革和羊皮革各自有独特的粒面毛孔分布特征,如猪皮革[9]毛孔大,一般以三个为一组呈品字形排列,粒面较牛皮革、羊皮革粗糙;牛皮革[10-11]粒面细致,毛孔小,分布均匀,像布满的小点;羊皮革[12-15]的毛孔成组成排分布,粒面形成很多的沟纹,且山羊皮革的粒面毛孔有大小之分,每组由针毛孔和绒毛孔按相同方式有序分布,毛孔以复叠式或线性排列,与绵羊皮革有明显区别。国家毛皮革质量监督检验中心起草的《毛皮和皮革材质鉴别通用方法》征求意见稿中列出了各类皮革产品的外观特征照片。图 6.2 是现代羊皮样品粒面 SEM 图。此方法也并非适用于所有样品的鉴别,如图 6.3 是沂源出土战国皮革文物样品粒面 SEM 图,其粒面上覆盖的一层污染物掩住了毛孔,因此,无法通过粒面特征鉴别皮革文物的种类。

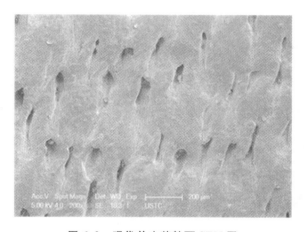

图 6.2　现代羊皮革粒面 SEM 图

图 6.3　战国皮革粒面 SEM 图

天然皮革的肉面结构由胶原纤维束构成,其中猪皮革的肉面纤维束与羊皮革的肉面纤维束粗细差不多,但比牛皮革的肉面纤维束细;牛皮革[10-11]肉面的胶原纤维比较粗大,纤维扭结成束,纤维束粗大且长;羊皮革[12-15]肉面的胶原纤维卷曲而分散(图6.4、图6.6),不似牛皮革的肉面纤维束是拧结在一起的。虽然沂源出土皮革文物样品的肉面胶原纤维束板结在一起(图6.5、图6.7),但基本能分辨出胶原纤维束的形态,与羊皮革最为接近,因此推断极有可能为羊皮革制品。

图 6.4　现代羊皮革肉面 SEM 图

图 6.5　战国皮革肉面 SEM 图

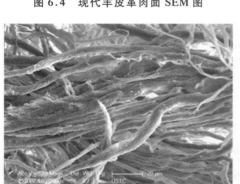

图 6.6　现代羊皮革肉面胶原纤维 SEM 图

图 6.7　战国皮革肉面胶原纤维 SEM 图

　　猪皮革[9]的纤维间隙较大,纤维编织较为疏松;牛皮革[10-11]的纤维编织比较紧实,从断面上看,从上到下由胶原纤维细密编织层与粗编织层组成,胶原纤维束由细到粗过渡,编织紧密度从紧到疏过渡,但是粗编织层的胶原纤维相对其他动物皮革较为紧密;羊皮革[12-15]通常为全粒面革,断面结构完整,上层为细密编织层,下层为粗编织层。绵羊革的细密编织层较厚,占整个皮革厚度的一半以上,而山羊皮革的纤维细密编织层比绵羊皮革的要薄,只占皮革厚度的1/3左右。图6.8~6.13为现代羊皮革和战国皮革样品纤维横截面SEM图,可从图中观察到沂源出土皮革文物样品表现为羊皮革横截面特征,从而判断其为羊皮革。

图 6.8　现代羊皮革横截面 SEM 图

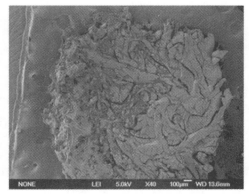

图 6.9　战国皮革样品横截面 SEM 图

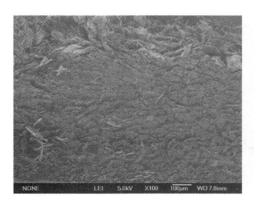

图 6.10　现代羊皮横截面细密编织层

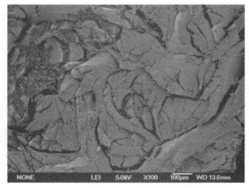

图 6.11　战国皮革横截面细密编织层

图 6.12　现代羊皮横截面粗编织层

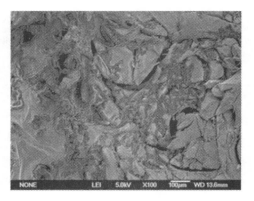

图 6.13　战国皮革横截面粗编织层

目前,皮革行业主要是通过手摸、眼看、弯曲及拉伸等方法对革身的丰满性、柔软性、弹性及粒面的粗细、颜色、光泽等进行评价,以此鉴定不同种类的动物皮革[16]。这些方法完全凭借操作人员的经验,存在一定程度的主观性,因而结果不是十分可靠。而且,在漫长的埋藏过程中,皮革文物的各项理化性能已经发生了巨大变化,如何对其进行科学的鉴定,一直是困扰皮革文物保护界的一个难题。

关于出土皮革文物的种类鉴别,Spangenberg 等[17]曾通过显微结构、化学成分和稳定同位素等手段,对瑞士西部阿尔卑斯山中海拔 2756 m 处的"Schnidejoch Pass"冰川中出土的古代皮革样品进行了分析,确定了古代皮革是利用植物鞣制而成,但并未确定皮革的种类。Pangallo 等[18]采用基于 PCR 技术的古 DNA 分析,尝试对古代羊皮纸文书的材质种类进行鉴别,并期望能取代传统的显微镜识别,取得了较为满意的结果,然而出土皮革文物样品与羊皮纸文书的保存状况差异较大,古 DNA 分析是否适用于出土皮革文物的种类鉴别,还有待进一步研究。

6.2　生物质谱技术鉴别皮革文物材质种类

由于皮革主要组成成分胶原蛋白和脂肪在墓葬环境中极易氧化和水解,一般难以保存,得以保存下来的珍贵皮革文物也往往劣化严重,给检测分析带来了极大的困难。加之我国目前皮革文物的分析检测技术相对落后,很多技术手段难以准确实现对皮革的检测。对于劣化严重的皮革文物,使用传统的直接观察法和显微形态观察法很难识别出不同种类皮革的特征,虽然这些特征在现代皮革中较为明显,但随着文物的劣化,很多形态特征变得模糊,难以确定。针对这类现象,探索合适的技术手段是皮革类文物材质鉴别亟须解决的难题。

目前,皮革材质的鉴别与分析技术主要包括直接观察法、微观形态特征观察法、红外光谱法、DNA 鉴别法等[4,9,19]。这些方法都各有优点,但面对严重劣化的出土皮革文物时,也都暴露了一定的局限性。直接观察法的主观性较强,材质的准确判断需要经验丰富的专业人员。对于皮革文物,皮料的严重老化致使大量重要的特征信息无法获取,即使是经验丰富的研究人员,面对特征形态模糊的皮革样品,鉴别的准确性也不高,甚至很多时候无法进行判断。微观形态特征观察法是直接观察法的延伸,对于现代皮革可根据"ISO 17131:2012 Leather- Identification of leather with microscopy"鉴定标准准确判断皮料的材质种类。但是,与直接观察法面临同样的问题,对于劣化严重的古代皮革样品,很多情况下这种方法也难以实施。

在上一节中,我们讨论了用红外光谱鉴别皮革文物种类的案例。但是,红外光谱法用于皮革文物的研究存在较大的局限性。首先,不同皮革原料的细微差距有时很难区分。其次,考古样品中夹杂着一些天然的污染物,有时会在红外光谱中出现难以判断的特殊吸收峰,容易造成鉴别实验的误判或无法确定。DNA 鉴定技术基于 PCR 技术(聚合酶链式反应),通过对样品中残留的微量 DNA 进行提取、特异性扩增、测序、比对等分析过程,确定皮革的归属。从理论上来说,这一方法的准确性很高,并且已经在一些工业制品的鉴定工作中得到了很好的应用[20,21]。但是,对于考古样品,DNA 的提取存在较大难度和风险。由于各种生物的 DNA 性质基本一致,提取过程也大致相同,因此,对于污染物较多的考古样品,很容易引入微生物的 DNA,严重干扰实验结果。从目前已有的研究来看,皮革文物的材质鉴别研究并不系统,仍有较大的改进空间,需要引入新的研究思路和方法。

近年来,蛋白质组学相关技术得到了长足发展,特别是利用生物质谱技术鉴定与分析复杂体系中的蛋白质已经相对成熟。蛋白质有着极高的生物特征性,不同物种间的差异性明显,即使一些降解后的分子片段仍能够作为蛋白鉴定的重要依据。胶原蛋白是皮革文物中最主要的组成成分。在现代工业生产中,人们已经认识到,胶原蛋白的结构和性能与皮革材料的各项性能有着紧密联系,有效分析皮革文物中的胶原蛋白是皮革文物保护与科学研究的重要突破点。可以通过提取皮革文物中的胶原蛋白,获取胶原蛋白多肽的质谱数据,在蛋白质数据库中进行检索确定蛋白归属对皮革种类进行鉴别。这一方法的核心是检测目标蛋白的氨基酸序列,特征性强,准确度高,能够有效避免污染物的干扰。同时,质谱技术的检测限已经达到 ppm 级(甚至更高),确保了实验方法的灵敏度,而且所需样品量少,不会因采样而破坏皮革文物。因此,蛋白质组学相关技术的引入将大大提高皮革类文物鉴别分析的准确性。此外,生物质谱技术可以针对皮革样品中胶原蛋白的氨基酸序列进行分析,从胶原蛋白的一级结构入手,揭示蛋白的多肽分布信息和特定氨基酸残基的翻译后修饰信息,再结合蛋白质的高级结构特性,初步解析皮革文物中胶原蛋白的易降解区域、基团,易损伤结构等重要降解机理问题。

生物质谱技术所需样品量少、可靠性高,非常适宜皮革文物的种类鉴别。日本皮革研究所 Kumazawa 等[22]利用液相色谱质谱联用仪,通过胶原蛋白特征多肽快速准确地鉴别了不同地区动物皮的种类。Brandt 等[23]采用基于质谱分析的多肽序列法、光学显微镜和扫描电镜等,对丹麦沼泽地出土考古皮制品进行了种类鉴别研究。结果表明,基于质谱分析的多肽序列法可以识别光学显微镜方法无法判断的考古皮制品。另有研究表明,生物质谱技术可以鉴定蚕丝纤维中的丝素蛋白,毛纤维中的角蛋白等蛋白类文物材料。即使在一些极端情况下,生物质谱技术仍可以准确检测到残留的文物蛋白类材料,如在 8500 年前的贾湖遗址土壤样品中检测到丝素蛋白残留物;对严重矿化,附着在铜器表面的毛织物的纤维进行鉴定等[24,25]。这些研究都证明了生物质谱技术广泛的适用能力和在分析皮革胶原蛋白方面的优势。针对皮革文物样品量少、表面形貌特征模糊、污染严重等特点,本节采用蛋白质类物质常用的生物质谱技术,开展皮革文物的种类鉴别技术研究。

6.2.1 实验

实验材料为战国时期(公元前 475 年～公元前 221 年)皮革制品,出土于湖南省常德市桃源县战国墓(图 6.14)。

主要试剂有:氢氧化钠(片状)(NaOH),纯度为分析纯,天津市恒兴化学试剂制造有限公司生产;盐酸(HCl),纯度为分析纯,莱阳市康德化工有限公司生产;甲酸、甲醇、碳酸氢铵(NH_4HCO_3),纯度为色谱纯,Sigma 公司生产;胰蛋白酶,测序专用,Thermo Corporation 公司生产。

样品处理过程:称取 1 g 左右出土皮革样品,置于纯水中震荡清洗30 min。取出样品,擦除表面多余水分。重复清洗两次,尽可能去除样品表面残留的泥土等污染物。然后,将样品放置于干燥箱中,在 105 ℃环境中干燥 1 h。

胶原蛋白的提取方法:首先配制 pH 为 2.0 的盐酸溶液,然后将干燥好的皮革样品置于 5 mL pH 为 2.0 的盐酸溶液中,充分震荡混合液后,将混合液置于水浴锅中,80 ℃下加热 24 h。待样品冷却后,将混合液在 5000 r/min 条件下离心 20 min，取上清液。

图 6.14　古代皮革样品

将上清液置于孔径 3000 Da 的透析袋中透析 24 h。将透析后的上清液置于干净小烧杯内，用一次性注射器加套滤网注入超滤管（截留分子量 3000 Da）中，5500 r/min 离心浓缩样品至 500 μL 左右。

应用生物质谱仪器进行分析，参考柳昭明的实验方法[26]。取 30 μL 制备好的样品加入新的离心管中，对样品中的蛋白进行酶切。在待测样品中加入胰蛋白酶及碳酸氢铵缓冲体系。37 ℃下酶切过夜后离心，取上清液等待仪器分析。

液质联用仪器分析使用的两种洗脱液分别为：A 液（0.1% 甲酸的水溶液）和 B 液（0.1% 甲酸的乙腈水溶液，乙腈浓度为 84%）。具体流程如下：① 色谱柱以 95% 的 A 液平衡后，样品由自动进样器上样。② 液质联用总测试时间为 30 min，洗脱液的梯度变化过程为：在实验的 0～20 min，B 液线性梯度均匀地从 5% 提升至到 50%；20～24 min，B 液线性梯度均匀地提升至 100%；24～30 min，洗脱体系维持 B 液 100% 的状态。

多肽和多肽碎片的质量电荷比按照下列方法采集：每次全扫描（full scan）后采集 10 个碎片图谱（MS2 scan）。质谱测试原始数据文件（raw file）用 Mascot 2.2 软件检索相应的数据库，最后得到鉴定的蛋白质结果。

数据库检索参数如下：

数据库名称：uniprot；检索的物种：牛（Bos）；包含的氨基的序列数量：52924；数据下载时间：2017 年 1 月 3 日。

6.2.2　结果与讨论

对于样品中蛋白的鉴定分析,目标蛋白多肽的氨基酸序列是重要的特异性指标。众所周知,生物体内的蛋白质主要由 20 种不同的氨基酸构成,其排列组合千变万化。因此,利用这一排列的特异性可以很精确地判断样品中是否含有一种特定的蛋白质。目前,蛋白质组学已经发展成熟,一般情况下,当一个样品中检测到超过 2 种不同的多肽来源于同一个蛋白时,即可认定此样品中含有这种蛋白。

如表 6.1 所示,皮革文物样品提取液经蛋白酶切、液质联用仪器分析和生物信息学分析后,可以检测到 BOVIN Collagen alpha-1(Ⅰ) chain、BOVIN Collagen alpha-2(Ⅰ) chain、BOVIN Collagen alpha-1(Ⅲ) chain 等一系列牛皮革中胶原蛋白的多肽片段。其中,在 BOVIN Collagen alpha-1(Ⅰ) chain 中检测到 16 种不同的多肽,在 BOVIN Collagen alpha-2(Ⅰ) chain 中检测到 6 种不同多肽,在 Collagen alpha-1(Ⅲ) chain 中检测到 3 种不同多肽。这三个蛋白均符合检测标准。

表 6.1　古代皮革样品生物质谱鉴定结果

蛋白名称	多肽序列	MH+	Diff(MH+)	电荷	Score
	K.DGEAGAQGPPGPAGPAGER.G	1690.77795	0.00083	2	95.96
	K.GADGAPGKDGVR.G	1099.54907	−0.00043	2	38.66
	K.GDRGDAGPK.G	872.42207	0.00015	2	23.6
	K.GEAGPSGPAGPTGAR.G	1281.61821	0.00108	2	49.26
	K.GEGGPQGPR.G	854.41151	−0.00043	2	36.89
	K.QGPSGASGER.G	945.43844	0.00028	2	45.65
	K.SGDRGETGPAGPAGPIGPVGAR.G	1975.99444	−0.00192	3	48.88
Ⅰ型胶原	R.EGAPGAEGSPGR.D	1084.50177	0.0001	2	36.3
α1 链	R.GETGPAGPAGPIGPVGAR.G	1560.81289	−0.00223	2	63.74
	R.GFSGLDGAK.G	851.42576	0.00033	1	41.95
	R.GLPGER.G！K.GLPGER.G	628.34129	0.00037	2	22
	R.GPAGPQGPR.G	836.43733	0.00001	2	47.51
	R.GPPGSAGSPGK.D	911.45813	0.00036	2	64.67
	R.GVPGPPGAVGPAGK.D	1160.64226	0.00059	2	38.55
	R.GVQGPPGPAGPR.G	1089.57998	0.00074	2	38.24
	R.GVVGLPGQR.G	882.51559	0.00005	2	26.39

续表

蛋白名称	多肽序列	MH+	Diff(MH+)	电荷	Score
Ⅱ型胶原 α2 链	R.GATGPAGVR.G	785.42644	0.00009	2	39.17
	R.GDQGPVGR.S	785.39006	0.00011	2	31.56
	R.GEAGPAGPAGPAGPR.G	1261.62837	0.00037	2	68.96
	R.GPAGPSGPAGK.D	895.46321	0.0016	2	28.27
	R.GPSGPPGPDGNK.G	1079.51163	0.00006	2	23.23
	R.GPSGPQGIR.G	868.46354	−0.0001	2	39.17
Ⅲ型胶原 α2 链	R.GFDGR.N	551.25725	−0.00007	1	27.24
	R.GGPGGPGPQGPAGK.N	1133.56982	−0.0011	2	75.68
	R.GPVGPSGPPGK.D	949.51018	−0.00023	2	20.71

经 BLAST 数据库比对后,发现 BOVIN Collagen alpha-1(Ⅰ) chain 蛋白中的 KGEAGPSGPAGPTGARG 多肽、BOVIN Collagen alpha-2(Ⅰ) chain 蛋白中 RGDQGPVGRS 多肽等多条多肽信息是牛皮革中胶原蛋白的特有序列(与羊、猪、马、兔等常见皮革原料对比)。因此,经生物质谱检测,根据皮革样品中胶原蛋白的特异性可准确鉴定此样品的皮革种类为牛皮。

本 章 小 结

本章介绍了两种鉴别皮革文物种类的方法:一是利用衰减全反射-傅里叶变换红外光谱仪和扫描电子显微镜,通过观察战国皮革制品的粒面、肉面和横断面以及纤维束形貌,根据不同种类动物皮的毛孔、纤维束和胶原纤维编织层具有的不同结构特征,鉴别皮革文物种类为羊皮革。二是采用生物质谱技术(Bio-MS),经过对皮革文物中胶原蛋白的提取、分离与纯化,蛋白质的酶切,蛋白质酶切溶液的质谱检测以及质谱数据的生物信息学分析等步骤,检测到 BOVIN Collagen alpha-1(Ⅰ) chain、BOVIN Collagen alpha-2(Ⅰ) chain、BOVIN Collagen alpha-1(Ⅲ) chain 等一系列牛皮革中胶原蛋白的多肽片段,与 BLAST 数据库比对后发现,BOVIN Collagen alpha-1(Ⅰ) chain 蛋白中的 KGEAGPSGPAGPTGARG 多肽、BOVIN Collagen alpha-2(Ⅰ) chain 蛋白中

RGDQGPVGRS 多肽等多条多肽信息是牛皮革中胶原蛋白的特有序列,以此确定皮革文物样品为牛皮革。

　　上述两种方法可以有效鉴别出土皮革文物的种类,也可以用于区分现代皮革的种类。研究结果初步建立了皮革文物材质种类鉴别的技术路线,为古代皮革材质的科学鉴别提供了借鉴,为科学、有效保护奠定了基础。

参 考 文 献

[1] 程秉铨,兰盛银,徐珍秀,等.石蜡切片的扫描电镜观察方法[J].电子显微学报,1991(4):361-362.

[2] 丁绍兰.革制品材料学[M].北京:中国轻工业出版社,2001:11-12.

[3] 蒋挺大.胶原与胶原蛋白[M].北京:化学工业出版社,2006:4.

[4] 赵小蓉,胡宗智.傅里叶变换红外光谱法识别分析四种天然皮革材质[J].理化检验(化学分册),2008(6):543-544,547.

[5] 胡子文,徐进勇,李绛,等.ATR-FTIR 法在皮革产品中的应用[J].化学研究与应用,2008(2):205-207.

[6] 陈宗良,吴玉銮,孙世彧.光学显微技术在皮革研究中的应用[J].西部皮革,2010(11):41-43.

[7] 应楚楚,郭川川.浅析皮革材质鉴别方法标准 ISO 17131:2012[J].认证技术,2013(1):48-49.

[8] ISO 17131:2012, Leather- Identification of leather with microscopy[S].2012.

[9] 丁云.猪、牛、羊革的特征与鉴别[J].西部皮革,2012(10):22-27.

[10] 杨雨滋,金天新.水牛皮革的特征与鉴别[J].中国皮革,2001(10):68-69.

[11] 杨雨滋,金天新.黄牛皮革的特征与鉴别[J].中国皮革,2001(4):72-74.

[12] 杨雨滋,金天新.山羊皮革的特征与鉴别[J].中国皮革,2001(12):70-72.

[13] 杨雨滋,金天新.山羊皮革的特征与鉴别(续)[J].中国皮革,2001(14):67-68.

[14] 杨雨滋,金天新.绵羊皮革的特征与鉴别[J].中国皮革,2000(22):55-56.

[15] 杨雨滋,金天新.绵羊皮革的特征与鉴别[J].中国皮革,2000(18):31-33.

[16] 陈宗良,孙世彧,黄晓刚.皮革鉴定的方法与展望[J].皮革科学与工程,2010(3):39,41-44.

[17] SPANGENBERG J E, FERRER M, TSCHUDIN P, et al. Microstructural, chemical and isotopic evidence for the origin of late neolithic leather recovered from an ice field in the Swiss Alps[J]. Journal of Archaeol Ogical Science,2010,37(8):1851-1865.

［18］　DOMENICO P，KATARINA C，ALENA M. Identification of animal skin of historical parchments by polymerase chain reaction（PCR）-based methods［J］. Journal of Archaeol Ogical Science，2010，37（6）：1202-1206.

［19］　肖海龙，林赛君，彭花凌. PCR 技术快速鉴别牛、羊、猪皮革的初步探讨［J］. 科技成果管理与研究，2009（10）：89-90.

［20］　李林，徐江涛，张永强，等. PCR 方法鉴别肉骨粉中的动物成分种类［J］. 中国动物检疫，2004，21（4）：29-31.

［21］　曾少灵，秦智锋，阮周曦，等. 多重实时荧光 PCR 检测牛、山羊和绵羊源性成分［J］. 生物工程学报，2009，25（1）：139-146.

［22］　KUMAZAWA Y，TAGA Y，IWAI K，et al. A rapid and simple LC-MS method using collagen marker peptides for identification of the animal source of leather［J］. Journal of Agricultural and Food Chemistry，2016，64（30）：6051-6057.

［23］　BRANDT L Ø，SCHMIDT A L，MAMMERING U，et al. Species identification of ar-chaeological skin objects from Danish bogs：comparison between mass spectrometry-based peptide sequencing and microscopy-based methods［J］. PloS One，2014，9（9）.

［24］　李力. 贾湖遗址墓葬土壤中蚕丝蛋白残留物的鉴定与分析［D］. 合肥：中国科学技术大学，2015.

［25］　刘峰. 隋炀帝萧后冠丝绸蛋白残留物的提取与鉴定研究［D］. 合肥：中国科学技术大学，2016.

［26］　柳昭明. 运动疲劳状态下抗增殖蛋白 Prohibitin1 与 ATP 合酶相互作用研究［D］. 天津：天津体育学院，2017.

皮革文物劣化特性表征

- ⊙ 皮革文物表面形貌观察
- ⊙ 皮革文物微观结构分析

在温度、湿度、微生物等墓葬复杂埋藏环境因素的长期作用下,皮革文物劣化反应自始至终一直在进行着,其主要成分胶原蛋白氧化、水解,制作时使用的鞣剂单宁、脂类等物质发生降解或流失,皮革组成物中水含量减少,微观结构受损并遭到破坏,物理机械性能降低。研究发现,不同埋藏环境对皮革文物劣化的影响程度存在明显差异,产生的病害种类也各不相同,皮革文物腐蚀程度有轻有重。干燥环境下出土的皮革文物质地非常僵硬,易脆易裂;潮湿环境下出土的皮革文物饱水严重,十分糟朽,其柔韧性在失水后难以恢复,伴随形变、硬化、霉变等各种病害[1-3]。

精准识别文物病害,界定文物损坏类型,掌握文物缺陷的程度和范围,是实施保护的前提和基础。随着现代科学技术的不断发展,越来越多的仪器设备、检测方法被应用到皮革文物保护领域,使文物保护专业人员可以借助这些无损或微损检测技术,通过分析皮革文物的组成成分和微观结构特征,以及宏观、微观等不同层面研究环境因素对皮革文物物理化学性质以及微观结构产生的影响,为皮革文物的保存状况科学评估及后期的保护修复奠定基础,为文物预防性保护提供依据。

本章采用光学显微镜法、扫描电子显微镜法(SEM)、傅里叶变换红外光谱法(FTIR)、核磁共振波谱法(NMR)等多种检测方法,对现代皮革、人工老化皮革和古代皮革的微观结构进行分析和比较研究,对皮革文物的劣化特性进行表征,从分子层面阐述胶原蛋白、单宁、油脂以及水分等在皮革劣化过程中的作用机理。光学显微镜和扫描电子显微镜用于观察皮革的表面形貌、胶原纤维组织结构以及胶原纤维形貌特征。红外光谱技术用于分析皮革胶原蛋白的二级结构特征,通过红外光谱特征吸收峰的位置、强度以及酰胺Ⅲ带二级结构的含量,对胶原蛋白和鞣剂单宁进行定性、定量研究。核磁共振波谱技术用于研究皮革样品的微观结构特征,以及皮革在老化过程中水分含量和水分子流动性的变化。

7.1　皮革文物表面形貌观察

7.1.1　实验

实验材料有现代皮革样品、人工老化皮革样品和古代皮革样品。现代皮革样品为市售植鞣牛皮革。人工老化皮革样品为自制。古代皮革样品如图7.1所示。古代皮革样品1为战国时期(公元前475年～公元前221年)皮革制品,出土于荆门郭家岗M1号战国墓,由荆门博物馆提供。荆门郭家岗M1号战国墓位于荆门市沙洋县纪山镇郭店村,出土文物有古尸、铁器、陶器、青铜器、丝织品、皮革等。古代皮革样品2、3为战国时期皮革制品,出土于荆州夏家台M258号战国墓,由荆州博物馆提供。荆州夏家台M258号战国墓位于荆州市荆州区,出土文物有木器、漆器、丝织品、皮带、皮甲、陶器、青铜器等。

主要实验试剂:氢氧化钠,纯度为分析纯,国药集团化学试剂有限公司生产;氢氧化钙,纯度为分析纯,天津市光复精细化工研究所生产;硫酸铵,纯度为分析纯,生工生物工程(上海)股份有限公司生产。

用去离子水将古代皮革文物样品表面附着的污染物清洗干净,室温下自然晾干数天。

人工老化皮革样品是由现代皮革样品经老化处理而成,具体老化方法参照Sebestyén等[4]所使用的人工皮革样品老化方法。先将现代皮革裁剪成4 cm×4 cm大小样品,浸泡在质量浓度分别为4%和0.5%的$Ca(OH)_2$和NaOH的混合溶液中,温度25℃,2 d后取出,用1%浓度硫酸铵溶液漂洗,然后浸泡在去离子水中直至 pH 为中性,最后将样品放入 120 ℃ 烘箱 4 d 后取出,放置温度 20 ℃、湿度 55% 的恒温恒湿箱中,1 d 后取出备用。

(a) 古代皮革样品1

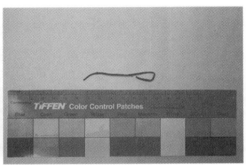

(b) 古代皮革样品2

(c) 古代皮革样品3

图 7.1　古代皮革样品

利用日本基恩士公司生产的 KEYENCE VHX-2000C 超景深光学显微镜、德国 ZEISS 公司生产的 GeminiSem 500 场发射扫描电子显微镜、荷兰 FEI 公司生产的 Sirion 200 场发射扫描电子显微镜观察样品的外观形貌。

扫描电镜的使用方法:将样品区分上表面、下表面,分别用导电胶带直接固定于样品台上,横截面采用石蜡切片的方式制片[5],再用导电胶带固定于样品台上。将样品台置于离子溅射仪中喷金属膜,喷金时间约为 120 s,使用扫描电镜在高真空模式下观察。

7.1.2　结果与讨论

图 7.2～图 7.4 是超景深光学显微镜拍摄到的三个古代皮革样品的粒面和

肉面表面形貌图。图中看到古代皮革样品1(图7.2)粒面毛孔和毛发清晰可见,肉面胶原纤维密集纤细,板结在一起。古代皮革样品2(图7.3)和古代皮革样品3(图7.4)的粒面毛孔呈封闭凸起状态,未见其中毛发,肉面胶原纤维板结在一起。古代皮革样品3胶原纤维清晰可见,较古代皮革样品1和古代皮革样品2粗大。所有古代皮革样品颜色整体发黑,硬化现象明显。其中古代皮革样品1最硬,古代皮革样品2和古代皮革样品3相对较软,这可能与墓葬埋藏环境、皮革材质及制作工艺有关。由于皮革保存状况容易受墓葬环境中不同温湿度、微生物等条件影响,且不同材质皮革所具备的物理性能各不一样,鞣制工艺对物理机械性也有较大影响。

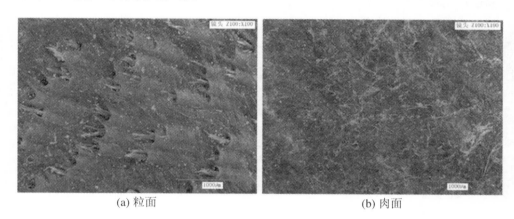

(a) 粒面　　　　　　　　　　　　　　　　　(b) 肉面

图 7.2　古代皮革样品 1

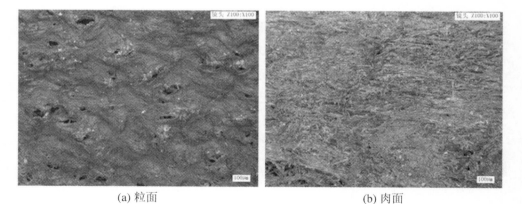

(a) 粒面　　　　　　　　　　　　　　　　　(b) 肉面

图 7.3　古代皮革样品 2

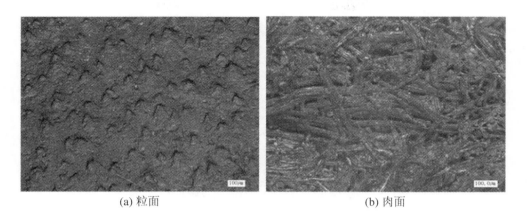

| (a) 粒面 | (b) 肉面 |

图 7.4 古代皮革样品 3

图 7.5～图 7.9 为现代皮革样品、人工老化皮革样品和古代皮革样品的 SEM 图。从图中可以看出,现代皮革样品和人工老化皮革样品、古代皮革样品在颜色、表面形貌、纤维组织结构以及纤维束形态上均呈现出明显不同的特征。颜色是表征皮革劣化的指标之一,老化皮革的颜色往往发黑[6]。现代皮革样品外表颜色偏浅、泛黄,比较柔软,整体结构舒展。古代皮革样品外表颜色发黑,整体硬化,略有收缩、变形,一些地方出现皱褶,老化现象明显。现代皮革样品粒面光滑、平整,无微小孔洞。古代皮革样品粒面十分粗糙,上有不规则凸起或凹陷,稀疏微小孔洞清晰可见(图 7.5)。现代皮革样品肉面胶原纤维排列整齐有序,呈波浪状,相互簇拥在一起,纤维束之间间距较小,结构致密。古代皮革样品肉面胶原纤维排列分散、凌乱,有的粘连、板结在一起,有的卷曲成团,还有的断裂残缺,纤维束之间存在较大间距(图 7.6)。现代皮革样品横截面胶原纤维束之间排列紧密,古代皮革样品横截面胶原纤维束之间排列疏松,存在许多空洞(图 7.7)。现代皮革样品胶原纤维形态自然伸展,分布均匀,排列方向一致,表面十分光滑,具有弹性,上面附着有少许丝状物。古代皮革样品胶原纤维扭曲、板结在一起,变形严重,上面附着大量污染物,并存在断裂残缺现象(图 7.8、图 7.9)。通过观察样品的表面形貌和微观结构可知,古代皮革样品劣化迹象明显。与古代皮革样品相比,人工老化皮革样品在形貌和结构上呈现出类似特征,只是在程度上略有不同。

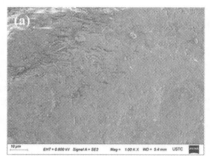

(a) 现代皮革样品

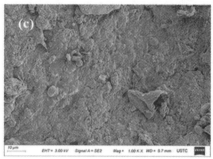

(b) 人工老化皮革样品

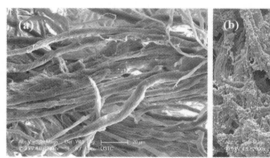

(c) 古代皮革样品

图 7.5　现代皮革样品、人工老化皮革样品和古代皮革样品粒面 SEM 图

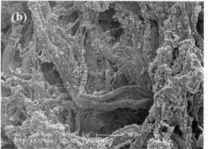

(a) 现代皮革样品

(b) 人工老化皮革样品

(c) 古代皮革样品

图 7.6　现代皮革样品、人工老化皮革样品和古代皮革样品肉面 SEM 图

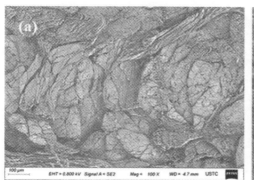

(a) 现代皮革样品

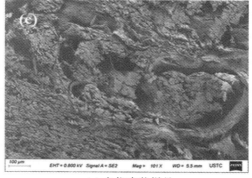

(b) 人工老化皮革样品

(c) 古代皮革样品

图 7.7　现代皮革样品、人工老化皮革样品和古代皮革样品横截面 SEM 图

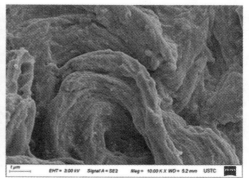

(a) 现代皮革样品　　　　　　　　　　　　(b) 古代皮革样品

图 7.8　现代皮革样品和古代皮革样品胶原纤维 SEM 图 1

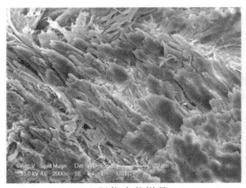

(a) 现代皮革样品　　　　　　　　　(b) 古代皮革样品

图 7.9　现代皮革样品和古代皮革样品胶原纤维 SEM 图 2

皮革样品形貌特征如表 7.1 所示。

表 7.1　皮革样品形貌特征

样品	外观	粒面	肉面	横截面	手感
现代皮革样品	颜色偏浅、泛黄，整体平整。	平整、光滑，无微小孔洞	胶原纤维形态自然伸展，排列整齐，表面光滑	胶原纤维完好，纤维束排列紧密	柔软
人工老化皮革样品	颜色发黑，收缩、变形，有皱褶	粗糙，上有不规则凸起或凹陷，有微小孔洞	胶原纤维排列分散、凌乱，粘连、板结在一起	胶原纤维束板结在一起	坚硬
古代皮革样品	颜色发黑，收缩、变形，有皱褶	粗糙，上有不规则凸起或凹陷，有微小孔洞	胶原纤维排列凌乱，粘连、板结在一起，有断裂、残缺现象	胶原纤维断裂、残缺，纤维束之间存在空洞	坚硬

7.2　皮革文物微观结构分析

7.2.1　实验

实验材料有现代皮革样品、人工老化皮革样品和古代皮革样品。主要实验仪器为美国 Nicolet 公司生产的 Nicolet 8700 傅里叶变换红外光谱仪、瑞士 Bruck 公司生产的 Avance AVIII WB 400 宽腔固体核磁共振谱仪。仪器使用方法简要介绍如下：

1. 红外光谱分析

采用溴化钾压片法对皮革样品进行分析测试。数据采集参数分辨率为 $4 cm^{-1}$，扫描次数为 64 次，扫描范围为 $4000 \sim 1000 cm^{-1}$。自动进行水气校正、平滑、基线校正。使用 origin 软件对红外光谱图进行处理，对胶原蛋白酰胺 Ⅲ 带进行二阶导数、高斯函数拟合分峰，计算蛋白质各种不同结构的面积。

2. 固体核磁共振实验

固体核磁共振（Solid State NMR）实验是在瑞士 Bruck 公司生产的 Avance AVIII WB 400 宽腔固体核磁共振谱仪上进行的，仪器磁场强度是 9.40 T，质子的共振频率是 400.15 MHz。^{13}C 核的共振频率是 100.62 MHz。将皮革样品均匀装入外径 4 mm 的转子，然后密封。所有实验均在 300 K 环境下完成，旋转速度为 14 kHz。采用 CP 交叉极化脉冲序列进行采样，采样时间是 34 ms，接触时间是 2 ms，采样间隔时间是 2 s。每个样品扫描 2048 次以提高信噪比。核磁共振图谱的处理采用西班牙 Mestrelab Research 公司开发的 MestreNova 软件（6.1.1 版）。

3. 核磁共振氢核弛豫时间测试

所有皮革样品的核磁共振氢核弛豫时间测试在上海纽迈科技公司生产的 VTMR20-010-T 核磁共振交联密度分析仪上完成。将皮革样品裁剪成 $2 \sim 3 mm$ 片段，放入核磁共振仪配套管中进行试验。试验参数设定为：测量温度 35 ℃，主频 21.57 MHz，采用 CPMG 脉冲序列检测样品横向弛豫时间（T_2），90 度脉冲时间 3.0 μs，180 度脉冲时间 5.68 μs，等待时间 2000 ms，回波间隔时间 0.1 ms，回波串个数 3000，累加采样次数 64，采样带宽 200 kHz。

测试 65 ℃温度条件下现代皮革样品的弛豫时间时，将回波间隔时间设置为 0.05 ms，其他所有参数不变，每隔 20 min 测量一次。扫描结束以后，利用反演软件拟合出各个样品的 T_2 值。

7.2.2　结果与讨论

图 7.10 为现代皮革样品、人工老化皮革样品和古代皮革样品的红外光谱

图(书后附有彩图)。从图 7.10 中可以看到,古代皮革样品和人工老化皮革样品的红外光谱图基本相似,与现代皮革样品的红外光谱图相比在酰胺 A 带、酰胺 B 带、酰胺 Ⅱ 带、酰胺 Ⅲ 带方面呈现出明显不同。现代皮革样品对应的酰胺 A 带、酰胺 B 带、酰胺 Ⅰ 带、酰胺 Ⅱ 带、酰胺 Ⅲ 带分别在 3424 cm^{-1}、2927 cm^{-1}、1647 cm^{-1}、1549 cm^{-1}、1235 cm^{-1} 处,古代皮革样品分别在 3320 cm^{-1}、2937 cm^{-1}、1647 cm^{-1}、1539 cm^{-1}、1239 cm^{-1} 处。

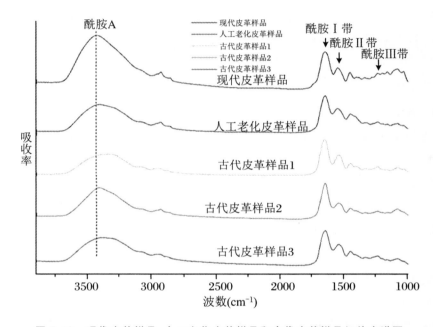

图 7.10　现代皮革样品、人工老化皮革样品和古代皮革样品红外光谱图

表 7.2 为现代皮革样品、人工老化皮革样品和古代皮革样品的红外光谱图特征吸收峰位置及归属。与现代皮革样品相比,古代皮革样品和人工老化皮革样品酰胺 A 带吸收峰均向低波数方向移动,其中古代皮革样品 1 吸收峰在 3320 cm^{-1} 处,谱峰位置移动幅度最大。人工老化皮革样品酰胺 A 带从 3424 cm^{-1} 移动到 3408 cm^{-1},并且强度明显降低。酰胺 A 带的特征峰位于 3320～3424 cm^{-1},主要与 N—H 的伸缩振动有关[7]。酰胺 B 带在 2926～2937 cm^{-1} 有—CH$_2$—的不对称伸缩振动吸收[8]。据已有的研究可知,N—H 伸缩振动产生的酰胺 A 带的吸收峰一般在 3400～3440 cm^{-1},当含有 N—H 基团的分子肽段参与氢键的形成时,N—H 的伸缩振动会向低频率移动,通常在 3300 cm^{-1} 左右。在 3400～3440 cm^{-1} 处酰胺 A 带的 NH 伸缩振动的吸收峰与氢键的缔合也使其伸缩振动

频率向低波数方向移动[9]。此外,古代皮革样品和人工老化皮革样品较现代皮革样品酰胺 A 带的吸收强度减弱,且酰胺 A 带的改变明显大于酰胺 B 带,表明分子内和分子间缔合氢键减少[10]。氢键是维系胶原蛋白螺旋结构稳定的重要作用力[11],皮革材料氢键的变化对峰位、峰强产生极明显影响,它的减少表明螺旋结构稳定性大大降低。

表 7.2　现代皮革样品、人工老化皮革样品和古代皮革样品红外光谱图特征吸收峰位置及归属

区域	波峰(cm^{-1})					归属
	现代皮革样品	人工老化皮革样品	古代皮革			
			古代皮革样品 1	古代皮革样品 2	古代皮革样品 3	
酰胺 A 带	3424	3408	3320	3408	3386	N—H 伸缩振动
酰胺 B 带	2927	2937	2937	2937	2937	—CH$_2$—不对称伸缩振动
酰胺 Ⅰ 带	1647	1647	1650	1647	1646	C—O 伸缩振动
酰胺 Ⅱ 带	1549	1550	1539	1542	1542	N—H 面内弯曲振动和 C—N 伸缩振动
酰胺 Ⅲ 带	1235	1238	1239	1239	1240	C—N 伸缩振动和 N—H 弯曲振动
单宁	1200	1200	1200	1200	1200	芳香族

酰胺 Ⅰ 带的特征峰位于 1600～1700 cm^{-1},是由蛋白多肽骨架的 C—O 伸缩振动引起的[7]。从表 7.2 中可以看到,古代皮革样品酰胺 Ⅰ 带吸收峰位置除了古代皮革样品 1 稍有差别以外,其他和现代皮革样品、人工老化皮革样品基本相同,均位于 1647 cm^{-1}处。酰胺 Ⅱ 带(1550 cm^{-1})为 α 螺旋、β 折叠和无规卷曲叠加产生的吸收带[12],是由 N—H 面内弯曲振动和 C—N 伸缩振动共同产生的[7]。与现代皮革样品相比,古代皮革样品酰胺 Ⅱ 带向低波数移动,古代皮革样品 1 下移了 10 cm^{-1},古代皮革样品 2 和古代皮革样品 3 下移了 7 cm^{-1}。此外,酰胺 Ⅱ 带谱峰相对面积减少,可能是因为现代皮革样品胶原蛋白中存在更多或者更强的氢键,氢键对胶原蛋白有稳定作用[7,13]。人工老化皮革样品酰胺 Ⅱ 带向高波数移动了 1 cm^{-1},这是否与老化处理的方法有关,有待进一步探讨。酰胺 Ⅲ 带(1237 cm^{-1})是由 C—N 伸缩振动和 N—H 的弯曲振动引起的[7],古代皮革样品、人工老化皮革样品和现代皮革样品特征吸收峰位置在此谱带略有不同,古代皮革样品向高波数移动了 4～5 cm^{-1},人工老化皮革样品向高波数移动了 3 cm^{-1}。由于胶原蛋白分子排序与三股螺旋结构受 C—O 伸缩、N—H 弯

曲和 C—H 伸缩的影响[7]。峰往高波数方向移动说明分子结构发生了改变,这些键振动受到了较强束缚。酰胺Ⅰ带、酰胺Ⅱ带、酰胺Ⅲ带的吸收峰代表胶原分子内及分子间氢键结构,与多肽链的结构有直接关系。酰胺Ⅱ带和酰胺Ⅲ带吸收峰发生了移动,说明皮革在劣化过程中,氢键数量逐渐减少,胶原蛋白三股螺旋结构遭到破坏。

早期研究将 1235/1450 cm⁻¹ 吸光度强度比值用于评估胶原蛋白三股螺旋结构的完好情况,吸光度强度比值接近 1 表明三股螺旋结构保存完好[14,15]。笔者将样品谱图进行基线校正处理后,计算 1239/1450 cm⁻¹ 吸光度强度比值,结果见表 7.3。现代皮革样品吸光度强度比值约为 1,人工老化皮革样品为 0.52,三个古代皮革样品 1、2、3 的吸光度强度比值分别为 0.44、0.31、0.10,均低于 0.5。有研究报道,纯胶原蛋白吸光度强度比值为 1,而变性胶原蛋白的为 0.59[16],这说明现代皮革样品胶原蛋白三股螺旋结构保持完好,古代皮革样品和人工老化皮革样品胶原蛋白三股螺旋结构遭到严重破坏,劣化特征明显。

表 7.3　样品 1239/1450 cm⁻¹ 吸光度强度比值

吸光度强度比	现代皮革样品	人工老化皮革样品	古代皮革		
			古代皮革样品 1	古代皮革样品 2	古代皮革样品 3
1239/1450	1.01	0.52	0.44	0.31	0.10

图 7.11 为皮革样品胶原蛋白酰胺Ⅲ带二阶导数、高斯函数分峰拟合结果(书后附有彩图)。从图 7.11 可以看到,现代皮革样品(a)α 螺旋和单宁的特征吸收峰峰形较人工老化皮革样品(b)和古代皮革样品(c、d、e)完整,表明其胶原蛋白结构保存完好,没有发生降解,鞣剂单宁也没有流失。FTIR 光谱技术常用于研究蛋白质变性过程中二级结构的变化,研究范围主要集中在酰胺Ⅰ带、酰胺Ⅱ带和酰胺Ⅲ带。酰胺Ⅰ带具有信号强、分辨率高等优点。然而,水分子在酰胺Ⅰ带(1800～1600 cm⁻¹)范围内有很强的吸收峰,对于有效获取红外光谱信息影响较大。酰胺Ⅲ带(1220～1330 cm⁻¹)虽然信号较弱,但是与酰胺Ⅰ带相比,具有以下优势:首先是水分子在该谱带没有吸收峰,不存在严重的水气干扰问题。其次,采用自去卷积、二阶导数和高斯函数分峰拟合等方法可以有效区分蛋白质酰胺Ⅲ带二级结构的红外光谱吸收峰,确定各二级结构谱峰的位置,对 α 螺旋、β 折叠和无规卷曲等二级结构的相对百分含量进行分析[17,18]。

而且，α 螺旋、β 折叠和无规卷曲等不同结构在酰胺 Ⅲ 带表现出明显不同的光谱性质特征，拟合过程中容易分开[19]。使用这些方法得到的酰胺 Ⅲ 带谱峰位置基本一致[20]。目前，虽然没有胶原蛋白酰胺 Ⅲ 带 α 螺旋、β 折叠和无规卷曲等二级结构归属的统一的标准，但是已有研究表明蛋白质酰胺 Ⅲ 带中 α 螺旋位于 1250～1300 cm^{-1}，β 折叠位于 1230～1240 cm^{-1}，无规卷曲位于 1270～1240 cm^{-1}[21,22]。如表 7.4 所示，现代皮革样品、人工老化皮革样品和古代皮革样品酰胺 Ⅲ 样品各二级结构的特征峰分别在 1280 cm^{-1}、1264 cm^{-1} 和

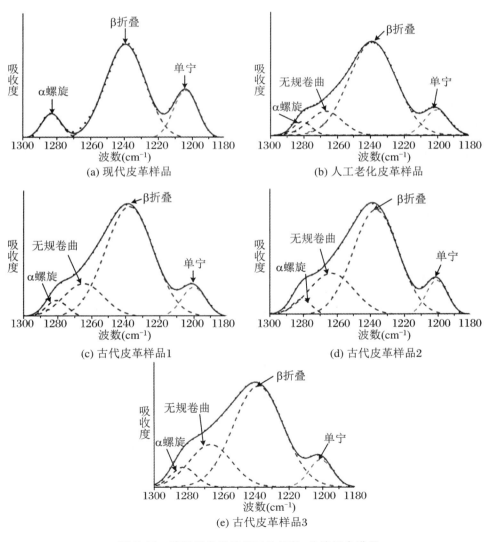

图 7.11　胶原蛋白酰胺 Ⅲ 二阶导数、分峰拟合谱图

1237 cm⁻¹处,因此,我们将胶原蛋白酰胺Ⅲ带各二级结构的谱峰认定为:1280 cm⁻¹为α螺旋,1264 cm⁻¹为无规卷曲,1237 cm⁻¹为β折叠。

图7.12为所有样品酰胺Ⅲ带二级结构相对百分含量对比图。表7.4为现代皮革样品、人工老化皮革样品和古代皮革样品酰胺Ⅲ带二级结构的归属、峰位和相对百分含量计算结果。与现代皮革样品相比,人工老化皮革样品和古代皮革样品中α螺旋结构和无规卷曲结构含量变化较大,β折叠结构的含量有所下降,但是变化较小。表7.4显示,古代皮革样品和人工老化皮革样品中α螺旋结构含量均大幅减少,古代皮革样品中α螺旋结构含量平均减少了53%,人工老化皮革样品中α螺旋结构含量则减少了60%。古代皮革样品和人工老化皮革样品中无规卷曲结构含量分别为14.74%和27%,较现代皮革样品平均增加了约21%。古代皮革样品和人工老化皮革样品中β折叠结构含量较现代皮革样品下降了9%~23%。α螺旋结构对皮革的稳定性起着非常重要的作用,结构的不稳定容易造成性能的改变。在皮革劣化过程中,维系胶原蛋白三股螺旋结构的氢键遭到破坏,由于大分子氨基酸分解,α螺旋结构发生改变,其含量不断减少,α螺旋结构逐渐转变为无规卷曲结构和β折叠结构[21],最终导致整

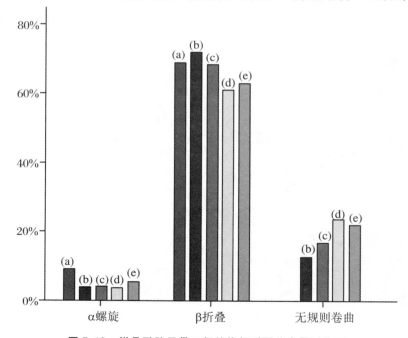

图7.12 样品酰胺Ⅲ带二级结构相对百分含量对比图

(a) 现代皮革;(b) 人工老化皮革;(c) 古代皮革1;(d) 古代皮革2;(e) 古代皮革3

个蛋白的无序结构增加。从表 7.4 可知,α 螺旋转变为无规卷曲结构的比例远
大于 β 折叠。碱水解、热降解能破坏胶原肽链间的交联键,产生游离的肽链,并
使肽链的主链断裂,多肽进一步分解成小分子肽和氨基酸[23]。以上数据结果表
明,α 螺旋结构对胶原蛋白的变性最为敏感,变性胶原蛋白结构的变化主要是
1280 cm⁻¹ 处对应的 α 螺旋结构的减少,以及 1264 cm⁻¹ 处对应的无规卷曲结构的
增加。β 折叠在胶原蛋白的变性过程中变化不大,可能是因为蛋白质中的 β 折叠
结构较为致密,相对比较稳定,因而不像 α 螺旋一样对变性反应非常敏感[22]。

表 7.4　样品酰胺Ⅲ带二级结构的归属、吸收峰位置和相对百分含量

样品	α 螺旋		β 折叠		无规卷曲	
	频率(cm⁻¹)	比例%	频率(cm⁻¹)	比例 %	频率(cm⁻¹)	比例%
现代皮革样品	1283	11.65	1239	88.35	—	0
人工老化皮革样品	1280	4.62	1238	80.64	1266	14.74
古代皮革样品 1	1280	4.99	1237	75.83	1264	19.18
古代皮革样品 2	1281	4.66	1236	68.34	1263	27.00
古代皮革样品 3	1281	6.61	1237	68.87	1265	24.52

在对酰胺Ⅲ带谱峰进行分析时发现,现代皮革样品、人工老化皮革样品和
古代皮革样品在 1200 cm⁻¹ 处均有吸收峰,此处为鞣剂单宁特征吸收峰[24],说
明皮革制作时使用了植物单宁作为鞣剂。图 7.13 为所有样品单宁相对百分含
量。可以看出,古代皮革样品和人工老化皮革样品中单宁的相对百分含量与现

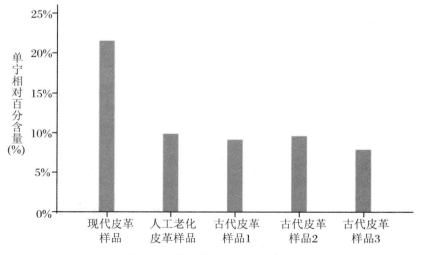

图 7.13　样品单宁相对百分含量

代皮革样品相比均有大幅下降,其相对百分含量从 10% 降低到 5% 左右。制革时使用的鞣剂单宁能够渗透到胶原纤维组织间隙,改变粒面状态,增加皮革弹性和柔韧性,赋予皮革一定物理机械性能。同时,鞣剂单宁对胶原蛋白起到稳定作用,它的流失加速了胶原蛋白的降解,会对皮革的性能产生影响[25]。此外,有研究表明,在真菌的作用下,单宁降解产生的柠檬酸和丙酮酸会造成皮革的酸水解[26]。因此,鞣剂单宁的水解和流失也是造成古代皮革劣化的影响因素之一。

图 7.14 为现代皮革样品、人工老化皮革样品和古代皮革样品的交叉极化魔角旋转核磁共振碳谱谱图。胶原蛋白分子 ^{13}C 的化学位移及归属见表 7.5。由于氨基酸、多肽链和胶原蛋白有着各自不同的碳谱信号,因此,很容易将氨基酸残基从中区分出来。160~180 ppm 归属羰基区域,包括氨基酸残基的羰基和羧基碳。173.3 ppm 处的峰为甘氨酸羰基特征峰,156.3 ppm 处的峰归于苯丙氨酸芳香族碳原子,羟脯氨酸上的 C-4、C-5、C-3 碳原子共振吸收峰分别位于70.1 ppm、53.9 ppm 和 37.4 ppm 处,甘氨酸 C-2 碳原子共振吸收峰位于42 ppm处,脯氨酸碳原子 C-2、C-5、C-3、C-4 共振吸收峰分别位于 58.5 ppm、46.7 ppm、29.6 ppm 和 24.4 ppm 处[27]。

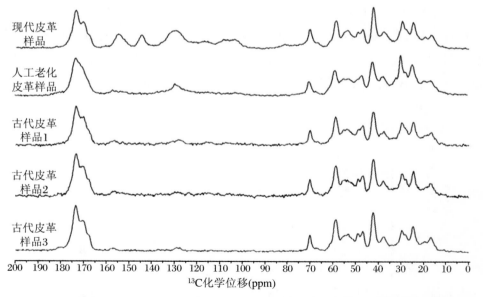

图 7.14 现代皮革样品、人工老化皮革样品和古代皮革样品交叉极化魔角旋转核磁共振碳谱

由 Hyp C-4(δ=71.2)、Pro C-4(δ=25.4)峰比较可知,古代皮革样品 1、古代皮革样品 2、古代皮革样品 3 强度降低,说明这两种氨基酸明显降解,通常情况下,胶原蛋白的脯氨酸和羟脯氨酸含量几乎是最高的,胶原蛋白的拉伸强度主要由这两种氨基酸决定,因为两者都是环状结构,能将胶原分子锁住,使其难以被拉开[28]。古代皮革样品中脯氨酸和羟脯氨酸含量减少,严重影响了皮革文物的性质,即使是保存状态较好的明、清皮革文物,弹性性能也几乎完全丧失,笔者研究表明,这一现象可能与脯氨酸和羟脯氨酸的降解有关。

为了更好地研究皮革文物,本研究选择将现代皮革样品与人工老化皮革样品和古代皮革样品进行对比。从图 7.14 中可以看出,古代皮革样品和人工老化皮革样品碳谱谱图特征峰基本一致,具有相同的 ^{13}C 核磁共振化学位移。古代皮革样品和人工老化皮革样品碳谱谱峰均存在胶原蛋白氨基酸谱峰,甘氨酸、脯氨酸、羟脯氨酸谱峰明显,表明古代皮革样品和人工老化皮革样品中残存成分以胶原蛋白为主,其结构得以保存。与现代皮革样品相比,所有古代皮革样品的 CP-MAS 核磁共振信号强度明显降低,表明古代皮革样品胶原蛋白发生降解、流失。

表 7.5 样品化学位移及归属[27]

化学位移（ppm）	归属	碳的类型	现代皮革样品	人工老化皮革样品	古代皮革样品 1	古代皮革样品 2	古代皮革样品 3
174.3	氨基酸	CO	173.4	172.9	173.3	173.2	173.3
157	苯酚	CH	154.8	156.7	157.0	156.3	156.3
144.3	苯酚	CH	144.3	——	——	——	——
129.6	苯酚	CH	129.1	129.3*	128.9*	129*	128.3*
71.2	羟脯氨酸 C-4	CH	70.1	70.2	70.1	70.1	70.0
59.7	脯氨酸 C-2	CH	58.5	58.7	58.5	58.6	58.8
55.4	羟脯氨酸 C-5	CH	53.4	54.9	53.1	54.5	53.9
49.7	丙氨酸 C-2	CH	48.9	48.3	48.9	48.8	48.7
47.9	脯氨酸 C-5	CH$_2$	46.8	46.7	46.7	46.7	46.7
43.2	甘氨酸 C2	CH$_2$	42.1	41.9	42.1	42.1	42.1
38.9	羟脯氨酸 C-3	CH$_2$	37.5	37.3	37.4	37.8	37.4
30.4	脯氨酸 C-3	CH$_2$	29.4	29.6	29.5	29.3	29.6
25.4	脯氨酸 C-4	CH$_2$	24.5	24.4	24.4	24.3	24.4
20.3	壳氨酸 C-5	CH$_3$	19.2	19.2	——	——	——
17.6	丙氨酸 C-3	CH$_3$	16.6	16.2	16.6	16.5	16.4

注:带"＊"表示共振吸收峰峰强很弱。

鞣制皮革时,胶原分子与植物鞣剂单宁之间主要通过氢键和疏水键相互作用,天然胶原蛋白和经过植物鞣剂鞣制的皮革^{13}C核磁共振谱图中胶原与单宁芳香族的信号没有重叠,因此,很容易通过化学位移辨识皮革中的植物鞣剂单宁[29]。图7.15为现代皮革样品和人工老化皮革样品的核磁共振交叉极化魔角旋转碳谱谱图(书后附有彩图),从图中可以非常明显地看到,现代皮革样品在156 ppm、144 ppm、129 ppm化学位移处有三个峰,此为鞣剂单宁特征吸收峰,说明现代皮革样品中存在鞣剂单宁,谱峰强度高说明鞣剂单宁在皮革中相对含量高。人工老化皮革样品在156 ppm和129 ppm化学位移处可见较弱吸收峰,在144 ppm化学位移处可见微弱吸收峰,说明皮革中鞣剂单宁相对含量少,在人工老化过程中水解流失掉了。古代皮革样品在上述三个化学位移处仅存极弱的吸收峰,说明古代皮革经过鞣制处理,其中鞣剂单宁在劣化过程中同样水解流失掉了,此结果与红外光谱分析结果相互印证。有研究发现[30],缩合型单宁鞣制的皮革在157 ppm化学位移处存在碳谱谱峰,据此可以推断古代皮革是缩合型单宁鞣制而成。

除人工老化皮革样品以外,其他样品在170 ppm化学位移处有一个肩峰,这与碳酸盐中的碳有关[31],表明古代皮革在制作时经过了浸灰处理。人工老化样品没有肩峰,可能与其老化方式有关,老化过程中碳酸钙可与硫酸铵发生双水解反应。

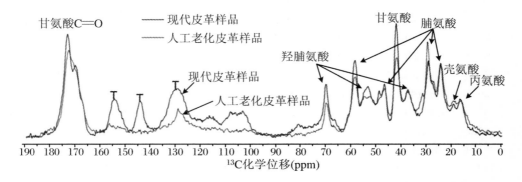

图7.15　现代皮革样品和人工老化皮革样品核磁共振交叉极化魔角旋转碳谱谱图

本实验采用CPMG脉冲序列检测样品横向弛豫时间(T_2),得到的回波衰减数据通过双指数函数公式表示[31]:

$$A(t) = A_{short}\exp\left(-\frac{t}{T_{short}}\right) + A_{long}\exp\left(-\frac{t}{T_{long}}\right) \tag{7.1}$$

式7.1中,t是时间,A是核磁共振信号幅值,$A_{short} + A_{long} = 100\%$。

现代皮革样品、人工老化皮革样品和古代皮革样品横向弛豫时间可以分为长的弛豫时间（T_{2long}）和短的弛豫时间（T_{2short}）两种组分（图 7.17～图 7.21），分别代表两种不同状态的水，其中长的弛豫时间（T_{2long}）代表游离水，短的弛豫时间（T_{2short}）代表束缚水。图 7.16（书后附有彩图）～图 7.21 为现代皮革样品、人工老化皮革样品、古代皮革样品的核磁共振氢核弛豫衰减数据拟合图。

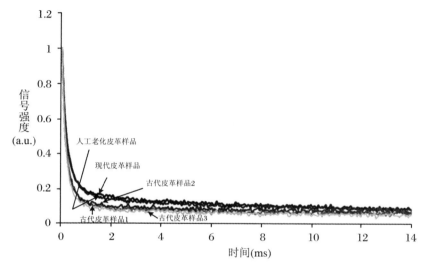

图 7.16　现代皮革样品、人工老化皮革样品和古代皮革样品核磁共振氢核弛豫衰减数据拟合图

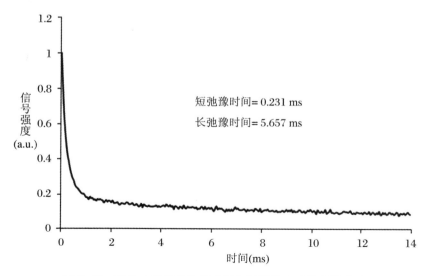

图 7.17　现代皮革样品核磁共振氢核弛豫衰减数据拟合图

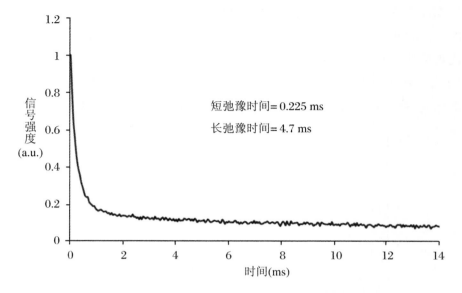

图 7.18　人工老化皮革样品核磁共振氢核弛豫衰减数据拟合图

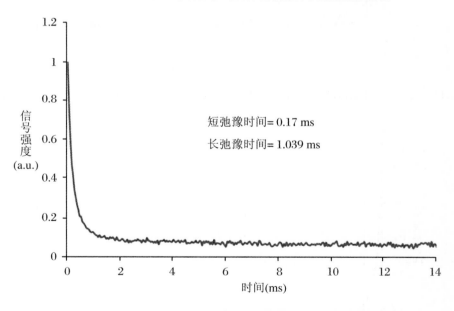

图 7.19　古代皮革样品 1 核磁共振氢核弛豫衰减数据拟合图

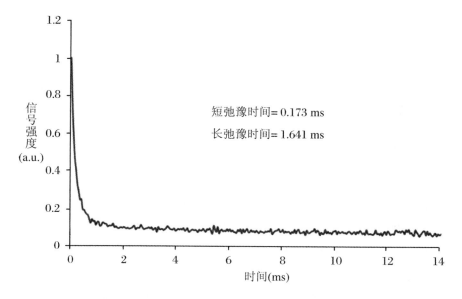

图 7.20　古代皮革样品 2 核磁共振氢核弛豫衰减数据拟合图

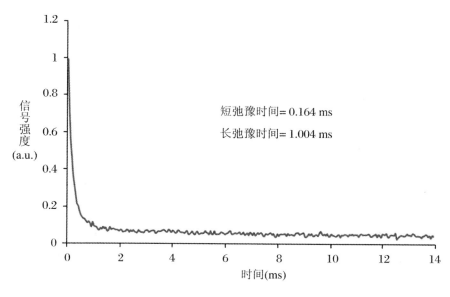

图 7.21　古代皮革样品 3 核磁共振氢核弛豫衰减数据拟合图

从测试结果可知,现代皮革样品横向弛豫时间 T_{2short} 和 T_{2long} 分别为 0.231 ms 和 5.657 ms(表 7.6),比人工老化皮革样品和古代皮革样品的横向弛豫时间长。人工老化皮革样品的横向弛豫时间较现代皮革样品有所缩短,而古代皮革样品的横向弛豫时间则大幅缩短。从核磁共振原理可知,氢质子的束缚程度反映了样品所处的化学环境,质子所处的化学环境不同,其横向弛豫时间(T_2)长短就不一样[31]。横向弛豫时间的大小反映样品中水分自由度的高低和不同水分子流动性。T_2值越大,说明质子的自由度越高,水分子流动性强,水分容易被排出。T_2值越小,表明质子自由度低,水分子的流动性弱[33,34]。古代皮革样品横向弛豫时间 T_{2short}、T_{2long}缩短,表明皮革在劣化过程中束缚水和游离水减少,水分子流动性降低。现代皮革样品 T_2值较高,表明现代皮革样品中水分的流动性较强。胶原蛋白的微观结构与水分子流动性和化学环境密切相关。横向弛豫时间 T_2能较好地反映皮革在劣化过程中水分子状态的变化。古代皮革样品横向弛豫时间 T_2缩短的原因可能是皮革在劣化过程中胶原蛋白分子结构遭到破坏,三股螺旋结构解旋,胶原蛋白结构松散,水分子运动的自由空间增大,螺旋结构中的束缚水所受作用力减弱,其状态发生变化,从螺旋结构中迁移了出来。随着劣化时间的增加,游离水和束缚水不断流失,导致皮革中水分总含量降低。NMR 研究结果表明,皮革劣化程度越深,其水分含量越低,质子弛豫时间越短[31]。

表 7.6　现代皮革样品、人工老化皮革样品和古代皮革样品横向弛豫时间

样品	短弛豫时间(ms)	长弛豫时间（ms）
现代皮革样品	0.231	5.657
人工老化皮革样品	0.225	4.7
古代皮革样品 1	0.17	1.039
古代皮革样品 2	0.173	1.641
古代皮革样品 3	0.164	1.004

皮革中的水在劣化过程中扮演了很重要的角色,是主要影响因素之一。皮革中存在两种形式的水:游离水和束缚水[35]。游离水存在于相互交织的胶原纤维之间,随着相对湿度的变化可以在纤维结构中自由进出。束缚水被胶原分子束缚,通过两个或三个氢键束缚在胶原三股螺旋结构内,或通过极性基团附着在螺旋结构外部,不能自由移动,它们在稳定胶原蛋白的分子结构中起关键作用。胶原纤维中的束缚水与其他束缚水存在很大区别[36]。Bella 指出羟脯氨酸羰基基团和水的共同作用支撑了三股螺旋多肽的晶体结构。这种晶体结构表明胶原三股螺旋结构中存在水合作用,其特征是半包合的重复模式,包括 Hyp 的羟基、Gly 和 Hyp 的羰基以及大量水合氢键形成的网络。水合作用存

在于螺旋结构之间、肽链内部和肽链之间[37,38]。胶原蛋白三股螺旋结构中的水与皮革的物理化学特性相关[39]，胶原蛋白的热变性焓也明显受到束缚水的影响[40,41]。

胶原分子中的水对于维持自身结构是必不可少的[42]。水分流失或缺少水分会引起分子结构的改变和分子内氢键数目的增加。伴随着胶原蛋白微观结构的变化，胶原纤维之间的游离水、螺旋结构中的束缚水状态也会发生改变，水状态的变化必然影响到氢质子的活动，具体影响表现在质子的弛豫时间上。弛豫时间与物质内部结构和作用力有关，通过 T_2 弛豫时间可以了解样品内部氢质子所受的束缚力。氢质子受束缚力越大，T_2 弛豫时间越短。

通过 SEM 图（图 7.6～图 7.9）可以看到，古代皮革样品和人工老化皮革样品胶原纤维之间缝隙大，存在大量孔洞，这可能与皮革中水分流失有关。皮革在劣化过程中，存在于纤维之间的游离水流失，水分流失使得胶原与水之间的作用力（水合作用）受到影响，造成胶原纤维之间出现孔洞。此外，失去游离水，会使皮革变得僵硬，失去束缚水会改变胶原分子间和分子内的键的排列，导致皮革僵硬不可逆。

表 7.6 数据表明，3 个古代皮革样品的游离水 T_{2long} 和束缚水 T_{2short} 的数值低于现代皮革样品和老化皮革样品。尤其是束缚水的 T_{2short} 值相差大于 5 倍，说明古代皮革样品中束缚水的量的减少和胶原纤维结构松散。与现代皮革样品比较，人工老化样品的游离水 T_{2long} 和束缚水 T_{2short} 的数值下降不大，可以认为相对于古代皮革样品其蛋白质分子结构保存较好，而古代皮革样品在埋藏过程中的降解不是一个简单的热降解过程，涉及的降解过程非常复杂，对皮革的分子结构破坏十分严重。

为了研究温度对皮革中水状态（束缚水和游离水）的影响，实验选择在不断加热条件下测试现代皮革样品的弛豫时间，每隔 20 min 测量一次，用于观测现代皮革样品的横向弛豫时间变化情况。表 7.7 和图 7.22 为现代皮革样品在恒温（65 ℃）加热条件下弛豫时间变化情况。可以看到，随着加热时间的不断增加，横向弛豫时间 T_{2short}、T_{2long} 逐渐变小，说明在整个加热过程中温度改变了皮革中水的状态。此外，热重实验结果表明（第 8 章中表 8.1），现代皮革样品热降解第一阶段的失重温度为 65 ℃，此阶段主要是皮革中水分的挥发。因此，可以认为，皮革横向弛豫时间的变化与其中水状态和含量变化有关，在持续加热条件下，皮革中水的含量不断减少，流动性降低。

表 7.7　恒温(65 ℃)加热条件下的弛豫时间

时间(min)	短弛豫时间	长弛豫时间
0	0.796	48.391
20	0.731	46.372
40	0.607	45.133
60	0.52	43.265
80	0.517	42.59
100	0.484	41.272
120	0.464	40.692
140	0.455	40.839
160	0.418	39.692

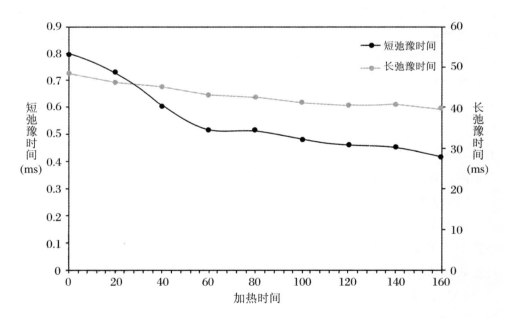

图 7.22　弛豫时间随着加热时间变化

本 章 小 结

　　本章采用光学显微镜法、扫描电子显微镜法、红外光谱法、核磁共振波谱法等多种仪器分析技术和方法对比研究了现代皮革样品、人工老化皮革样品和三个古代皮革样品的表面形貌和微观结构。

　　光学显微镜和扫描电子显微镜观察发现,现代皮革样品整体颜色偏浅,粒面光滑平整,肉面胶原纤维排列整齐有序,纤维束之间间距较小,结构致密。古代皮革样品整体颜色发黑,粒面多皱褶,上有不规则凸起或凹陷以及稀疏微小孔洞,肉面胶原纤维排列分散、凌乱,板结在一起,纤维束之间间距较大,存在断裂残缺现象。人工老化皮革样品与古代皮革样品特征相似。

　　红外光谱研究发现,古代皮革样品红外光谱图上存在单宁特征吸收峰,表明古代皮革样品经植物单宁鞣制而成。皮革在劣化过程中,胶原蛋白、鞣剂单宁、脂类等物质降解流失。皮革劣化的主要原因是维系胶原分子结构稳定的氢键作用力减弱,胶原蛋白稳定三股螺旋结构遭到破坏,α 螺旋结构转变成为了无规卷曲结构。α 螺旋结构、无规卷曲结构的含量以及吸光度比值可用于量化评估皮革文物的劣化程度。α 螺旋结构含量越高,吸光度比值越大,其保存情况越好;无规卷曲结构含量越高,吸光度比值越小则表明其劣化越严重。傅里叶变换红外光谱是研究古代皮革微观结构的有力工具,胶原蛋白各特征吸收峰的位置、强度和二级结构非常适合表征皮革文物的劣化特性。将胶原蛋白二级结构和鞣剂单宁两者结合起来分析可以让我们更加全面地了解皮革文物的劣化特性。

　　核磁共振波谱研究结果表明,相对于现代皮革样品而言,古代皮革样品和人工老化皮革样品的微观结构在劣化过程中发生了明显变化,水在其中扮演了十分重要的角色。劣化皮革横向弛豫时间 T_2 变短,水分含量降低,流动性减弱。在劣化过程中皮革胶原蛋白分子结构遭到破坏,三股螺旋结构中的束缚水状态发生变化,从螺旋结构中迁移了出来。此外,螺旋结构外的游离水和束缚水也在不断流失。核磁共振碳谱显示古代皮革样品在 156 ppm、144 ppm、

129 ppm化学位移处有弱的单宁特征吸收峰,与红外光谱检测结果一致,进一步证实了古代皮革样品经植物单宁鞣制处理过。

参 考 文 献

[1] MALEA E, VOGIATZI T, WATKINSON D E. Assessing the physical condition of waterlogged archaeological leather[C]. Greenville:11th ICOM-CC WOAM WG Conference, 2010:24-28.

[2] STRLIĊ M, CIGIĆ I K, RABIN I, et al. Autoxidation of lipids in parchment[J]. Polymer Degradation and Stability, 2009, 94(6):886-890.

[3] MANSOUR M, HASSAN R, SALEM M. Characterization of historical bookbinding leather by FTIR, SEM-EDX and investigation of fungal species isolated from the leather [J]. Egyptian Journal of Archaeological and Restoration Studies, 2017, 7(1):1.

[4] SEBESTYÉN Z, CZÉGÉNY Z, BADEA E, et al. Thermal characterization of new, artificially aged and historical leather and parchment[J]. Journal of Analytical and Applied Pyrolysis, 2015(115):419-427.

[5] 程秉铨,兰盛银,徐珍秀,等.石蜡切片的扫描电镜观察方法[J].电子显微学报,1991(4):361-362.

[6] KOOCHAKZAEI A, ACHACHLUEI M M. Red stains on archaeological leather: degradation characteristics of a shoe from the 11th-13th centuries (seljuk period, Iran)[J]. Journal of the American Institute for Conservation, 2015, 54(1):45-56.

[7] BARTH A, ZSCHERP C. What vibrations tell about proteins[J]. Quarterly reviews of biophysics, 2002, 35(4):369-430.

[8] ABE Y, KRIMM S. Normal vibrations of crystalline polyglycine I[J]. Biopolymers, 1972, 11(9):1817-1839.

[9] DOYLE B B, BENDIT E G, BLOUT E R. Infrared spectroscopy of collagen and collagen-like polypeptides[J]. Biopolymers, 1975, 14(5):937-957.

[10] ZONG Z, LI C, GU H. Effect of temperature on the secondary structure of fish scale collagen[J]. Spectroscopy and Spectral Analysis, 2007, 27(10):1970-1976.

[11] SHOULDERS M D, RAINES R T. Collagen structure and stability[J]. Annual Review of Biochemistry, 2009(78):929-958.

[12] WANG Z, QI L, RONG C. Effect of temperature on the changes of structure and molecular weight of apostichopus japonicas collagen[J]. Progress in Fishery Science, 2011,

32(6)：80-84.

[13] DUAN R, ZHANG J, DU X, et al. Properties of collagen from skin, scale and bone of carp (cyprinus carpio)[J]. Food Chemistry, 2009, 112(3)：702-706.

[14] GOISSIS G, MARCANTONIO E, MARCANTÔNIO R A C, et al. Biocompatibility studies of anionic collagen membranes with different degree of glutaraldehyde cross-linking[J]. Biomaterials, 1999, 20(1)：27-34.

[15] GUZZI PLEPIS A M D, GOISSIS G, DAS-GUPTA D K. Dielectric and pyroelectric characterization of anionic and native collagen[J]. Polymer Engineering & Science, 1996, 36(24)：2932-2938.

[16] PLEPIS A M G, Das-Gupta D K, Goissis G. Pyroelectric properties of anionic collagen and anionic collagen：P (VDF/TRFE) composites[C]//10th International Symposium on Electrets (ISE 10), 1999：233-236.

[17] LI D, ZHANG H, MA G. Secondary structure investigation of bovine serum albumin (BSA) by Fourier transform infrared (FTIR) spectroscopy in the amide III region[J]. European Journal of Chemistry, 2014, 5(2)：287-290.

[18] LING S, DINJASKI N, EBRAHIMI D, et al. Conformation transitions of recombinant spidroins via integration of time-resolved FTIR spectroscopy and molecular dynamic simulation[J]. ACS Biomaterials Science & Engineering, 2016, 2(8)：1298-1308.

[19] YE S, LI H, YANG W, et al. Accurate determination of interfacial protein secondary structure by combining interfacial-sensitive amide I and amide III spectral signals[J]. Journal of the American Chemical Society, 2014, 136(4)：1206-1209.

[20] SINGH B R, DE OLIVEIRA D B, FU F N, et al. Fourier transform infrared analysis of amide III bands of proteins for the secondary structure estimation[C]. Society of Photo-Optical Instrumentation Engineers, 1993：47-55.

[21] KAIDEN K, MATSUI T, TANAKA S. A study of the amide III band by FTIR spectrometry of the secondary structure of albumin, myoglobin, and γ-globulin[J]. Applied Spectroscopy, 1987, 41(2)：180-184.

[22] CAI S, SINGH B R. Identification of β-turn and random coil amide III infrared bands for secondary structure estimation of proteins[J]. Biophysical Chemistry, 1999, 80(1)：7-20.

[23] DAI J, CAO M, QIANG H. Hydrolyzation of collagen protein and its application[J]. Food Science and Technology, 2011, 36(10)：131-134.

[24] FALCÃO L, ARAÚJO M E M. Application of ATR-FTIR spectroscopy to the analysis of tannins in historic leathers：the case study of the upholstery from the 19th century portuguese royal train[J]. Vibrational Spectroscopy, 2014(74)：98-103.

[25] FALCÃO L，ARAÚJO M E M. Tannins characterization in historic leathers by comple-
mentary analytical techniques ATR-FTIR，UV-Vis and chemical tests[J]. Journal of
Cultural Heritage，2013，14(6)：499-508.

[26] ARUNACHALAM M，RAJ M M，MOHAN N，et al. Biodegradation of catechin[J].
Proceedings-Indian National Science Academy Part B，2003，69(4)：353-370.

[27] ALIEV A E. Solid-state NMR studies of collagen-based parchments and gelatin[J]. Bio-
polymers：Original Research on Biomolecules，2005，77(4)：230-245.

[28] KIELTY CM，GRANT M E. The collagen family：Structure，assembly，and organiza-
tion in the extracellular matrix connectiontive tissue and its heritable disorder：molecu-
lar，genetic，and medical aspects[M]. 2th ed. Hoboken：John Wiley &Sons，Inc. ，2003：
159-221.

[29] BARDET M，GERBAUD G，LE PAPE L，et al. Nuclear magnetic resonance and elec-
tron paramagnetic resonance as analytical tools to investigate structural features of ar-
chaeological leathers[J]. Analytical Chemistry，2009，81(4)：1505-1511.

[30] ROMER F H，UNDERWOOD A P，SENEKAL N D，et al. Tannin fingerprinting in
vegetable tanned leather by solid state NMR spectroscopy and comparison with leathers
tanned by other processes[J]. Molecules，2011，16(2)：1240-1252.

[31] MASIC A，CHIEROTTI M R，GOBETTO R，et al. Solid-state and unilateral NMR
study of deterioration of a Dead Sea scroll fragment [J]. Analytical and Bioanalytical
Chemistry，2012，402(4)：1551-1557.

[32] BADEA E，ȘENDREA C，CARȘOTE C，et al. Unilateral NMR and thermal microsco-
py studies of vegetable tanned leather exposed to dehydrothermal treatment and light ir-
radiation[J]. Microchemical Journal，2016(129)：158-165.

[33] BERTRAM H C，KRISTENSEN M，ANDERSEN H J. Functionality of myofibrillar
proteins as affected by pH，ionic strength and heat treatment-a low-field NMR study
[J]. Meat Science，2004，68(2)：249-256.

[34] 阮榕生.核磁共振技术在食品和生物体系中的应用[M].北京:中国轻工业出版社,2009:
75-85.

[35] KITE，MARION，THOMSON R，et al. Conservation of leather and related materials
[M]. London：Routledge，2006：41-42.

[36] MELACINI G，BONVIN A M J J，GOODMAN M，et al. Hydration dynamics of the
collagen triple helix by NMR[J]. Journal of Molecular Biology，2000，300 (5)：
1041-1048.

[37] BELLA J，EATON M，BRODSKY B，et al. Crystal and molecular structure of a colla-
gen-like peptide at 1. 9 A resolution[J]. Science，1994，266(5182)：75-81.

［38］　BELLA J，BRODSKY B，BERMAN H M. Hydration structure of a collagen peptide
　　　　［J］. Structure，1995，3(9)：893-906.

［39］　GRIGERA J R，BERENDSEN H J C. The molecular details of collagen hydration［J］.
　　　　Biopolymers：Original Research on Biomolecules，1979，18(1)：47-57.

［40］　FRASER R D B，MACRAE T P. The structure of α-keratin［J］. Polymer，1973，14
　　　　(2)：61-67.

［41］　PRIVALOV P L. Stability of proteins：proteins which do not present a single coopera-
　　　　tive system［M］. Moscow：Academic Press，1982(35)：1-104.

［42］　MOGILNER I G，RUDERMAN G，GRIGERA J R. Collagen stability，hydration and
　　　　native state［J］. Journal of Molecular Graphics and Modelling，2002，21(3)：209-213.

第 8 章

皮革文物劣化机理

⊙ 实验

⊙ 结果与讨论

　　皮革文物发生劣化，影响因素众多，作用机理非常复杂。当劣化发生后，连接三条肽链的氢键作用力会逐渐减弱，胶原蛋白多肽链的主链断裂，侧链发生变化，稳定的三股螺旋结构被破坏，胶原蛋白长链分解为胶原蛋白短链和氨基酸。热变性可以使胶原蛋白微观结构发生不可逆变化，螺旋结构转变成无规卷曲结构，胶原蛋白变性、凝胶化[1-4]。

　　氨基酸是构成蛋白质的基本单位，皮革胶原蛋白由 18 种不同氨基酸组成，含量占比较多的氨基酸有 9 种：Gly（33%）、Pro（13%）、Hyp（10%）、Ala（10%）、Glu（0.69）、Asp（0.44%）、Arg（0.5%）、Lys（0.27%）、His（0.04%）等，其中 Glu、Asp、Lys、Arg、His 等氨基酸容易被氧化。有研究表明，不同种类氨基酸呈现出不同的热稳定性，分解的挥发性产物和分解过程也各不一样[5]。因此，可以通过分析氨基酸热分解过程和相应的挥发性产物来表征胶原蛋白的化学特性，阐述皮革文物的劣化机理。

　　本章采用热重-红外（TG-FTIR）和热裂解-气相色谱质谱（Py-GC/MS）两种热分析联用技术，研究现代皮革样品、人工老化皮革样品和古代皮革样品的热分解反应，阐述皮革文物的劣化机理。TG-FTIR 技术用于研究皮革的热降解过程，通过分析降解产物以及形成原因，来表征皮革热分解特性及其劣化对性能的影响。Py-GC/MS 技术用于研究皮革热裂解反应，通过分析热分解产物及来源阐述皮革的热裂解反应机理。

8.1 实　　验

实验材料有现代皮革样品、人工老化皮革样品和古代皮革样品。现代皮革样品为市售植鞣牛皮革。人工老化皮革样品为自制。古代皮革样品 1 为战国时期（公元前 475 年～公元前 221 年）皮革制品,出土于荆门郭家岗 M1 号战国墓,由荆门博物馆提供。古代皮革样品 2、3 为战国时期皮革制品,出土于荆州夏家台 M258 号战国墓,由荆州博物馆提供。

主要实验试剂：氢氧化钠,纯度为分析纯,国药集团化学试剂有限公司生产；氢氧化钙,纯度为分析纯,天津市光复精细化工研究所生产；硫酸铵,纯度为分析纯,生工生物工程（上海）股份有限公司生产；胶原蛋白,纯度为优级纯,生工生物工程（上海）股份有限公司生产。

用去离子水将皮革文物样品表面附着污染物清洗干净,室温下自然干燥数天。

人工老化皮革样品是由现代皮革样品经老化处理而成,具体老化方法参照 Sebestyén 等[6] 所使用的人工皮革样品老化方法。先将现代皮革裁剪成 4 cm× 4 cm大小样品,浸泡在质量浓度分别为 4% 和 0.5% 的 Ca(OH)$_2$ 和 NaOH 的混合溶液中,温度 25 ℃,2 d 后取出,用1%浓度硫酸铵溶液漂洗,然后浸泡在去离子水中直至 pH 为中性,最后将样品放入 120 ℃烘箱,4 d 后取出,放置温度 20 ℃、湿度 55% 的恒温恒湿箱中,1 d 后取出备用。

将皮革样品放入氧化铝坩埚内,仪器自动读出样品质量,氩气条件下,流量设为 50 mL/min,温度从室温（25 ℃）加热至 1000 ℃,升温速率为 20 ℃/min,红外仪与热分析仪连接管温度为 280 ℃,红外原位气体池温度为 280 ℃。由微机自动绘出 TG 曲线。利用珀金埃尔默（PerkinElmer）股份有限公司生产的 Pyris 1 型热分析仪和傅里叶变换红外光谱仪测试皮革热降解过程及降解产物。

每个样品称量约 5 mg,实验气氛为氦气,柱流量为 1.11 mL/min,总流量为 72.5 mL/min,裂解温度为 600 ℃,裂解时间为 12 s,GC 色谱柱为 DB-5MS（30 m×0.25 mm×0.25 μm）,进样口温度为 320 ℃,柱温为 40 ℃并保持 4 min,以 6 ℃/min 升至 280 ℃并保持 5 min,电子能量为 70 eV,扫描范围为 14～

500 m/z，扫描速率为 0.3 scan/s。利用日本 Frontier 公司生产的 PY-3030D 热裂解仪、岛津公司（SHIMADZU）QP2010 Ultra 生产的气相色谱-质谱联用仪测试皮革热裂解反应。

8.2　结果与讨论

8.2.1　皮革热降解过程

图 8.1 为现代皮革样品、人工老化皮革样品和古代皮革样品的 TG/DTG 曲线（书后附有彩图）。从图中可以看出，现代皮革样品、人工老化皮革样品和古代皮革样品的热降解曲线图基本一致。所有皮革样品热降解过程主要分为两个阶段：第一阶段温度范围在 25～120 ℃，失重约 5%；第二阶段温度范围在 180～550 ℃，失重约 50%～58%。现代皮革样品热降解第一阶段温度范围在 25～140 ℃（图 8.2），人工老化皮革样品热降解第一阶段温度范围在 25～200 ℃（图 8.3），古代皮革样品热降解第一阶段温度范围在 25～170 ℃（图 8.4～图 8.6，书后附有彩图）。人工老化皮革样品和古代皮革样品热降解第一阶段温度范围较现代皮革样品更大一些。

现代皮革样品、人工老化皮革样品和古代皮革样品热降解阶段温度和重量变化情况见表 8.1。第一降解阶段主要是皮革中水分的挥发，此阶段重量损失比较少，当温度达到 100 ℃时，重量减小速率最大。现代皮革样品在第一降解阶段失重 3.49%，3 个古代皮革样品和人工老化皮革样品失重分别为 5.20%、7.31%、4.56% 和 6.18%，均大于现代皮革样品，其原因可能与皮革中水的状态有关。古代皮革样品和人工老化皮革样品由于劣化过程中胶原蛋白螺旋结构遭到破坏，束缚水相对含量减少，皮革中的水以游离水为主。而现代皮革样品中的水以束缚水为主，游离水的相对含量较低。因此，古代皮革中的水在受热条件下较现代皮革更容易挥发。第二降解阶段是胶原蛋白发生降解的主要阶段，也是皮革中其它物质降解的阶段，所有皮革样品失重都比较明显。此阶段,人工老化皮革样品较现代皮革样品失重量明显降低,除了古代皮革样品1外,现代皮革样品失重大于古代样品,可能原因是现代皮革样品中可降解的胶原蛋白、单宁、脂类等有机质物质含量比古代皮革多,这些物质在第二阶段发生了降解,而古代皮革样品和人工老化皮革样品中的这些有机物质在埋藏和老化过程中已发生了降解。

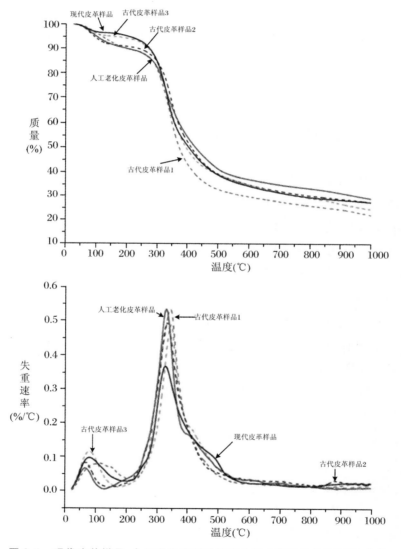

图 8.1 现代皮革样品、人工老化皮革样品和古代皮革样品 TG/DTG 曲线

由图 8.2～8.6 可知,现代皮革和人工老化皮革样品最大失重速率温度(331 ℃和 328 ℃)与 3 个古代皮革样品相比(343 ℃、341 ℃、338 ℃),差值大约

10 ℃,说明古代皮革样品中低温分解成分较少(如油类、脂类物质),通常情况下,低分解温度成分在埋藏过程中流失或降解严重,因此,古代样品中残存的低分解温度成分较少,最大失重速率温度相对较高。人工老化皮革样品是在 120 ℃进行的热老化,所以低分解温度成分含量低于现代皮革样品而高于古代皮革样品,其最大失重速率温度介于现代样品和古代样品之间。

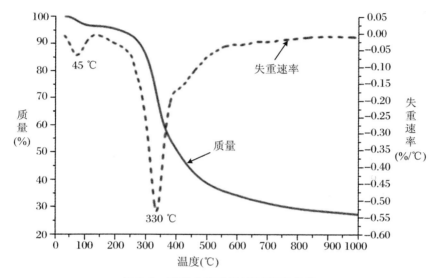

图 8.2　现代皮革样品 TG/DTG 曲线

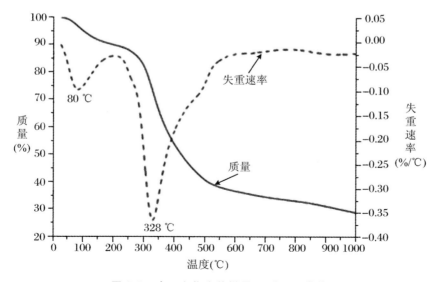

图 8.3　人工老化皮革样品 TG/DTG 曲线

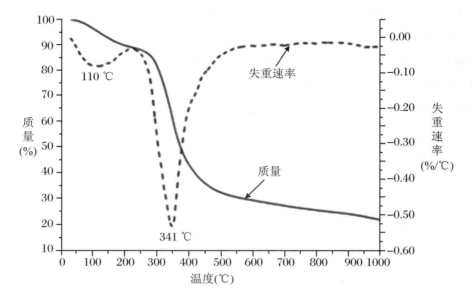

图 8.4　古代皮革样品 1 TG/DTG 曲线

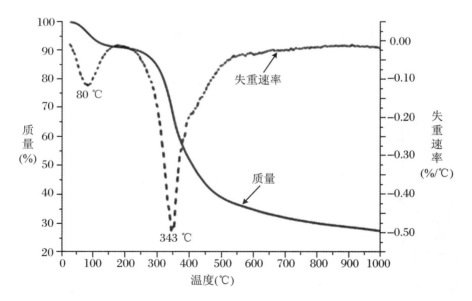

图 8.5　古代皮革样品 2 TG/DTG 曲线

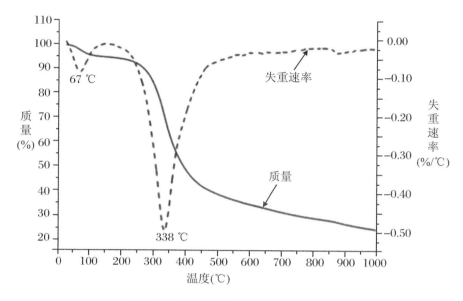

图 8.6 古代皮革样品 3 TG/DTG 曲线

在第二降解阶段,现代皮革最大失重速率温度为 330 ℃,所有古代皮革样品失重速率最大时对应的温度均高于现代皮革样品。可能的原因有以下 3 种:一是现代皮革样品中易降解的小分子物质多,如油脂类物质,这些小分子物质不稳定,在较低温度时就开始挥发。而古代皮革经历了长时间的氧化、水解,其中含有的小分子物质已经降解,残留下来的主要是胶原蛋白类大分子物质,所以在物质挥发主要阶段表现更稳定。人工老化皮革样品中的小分子物质在碱水解和热老化处理过程中就已经降解,其与古代皮革表现出相似特性。二是由于古代皮革胶原蛋白的变性引起的。有研究结果显示,胶原蛋白降解第二阶段失重速率最大时对应温度约在 340±10 ℃,明胶(变性的胶原蛋白)降解温度则更高,约 420±10 ℃[4]。这表明:变性胶原蛋白降解第二阶段失重速率最大时对应温度明显高于未变性胶原蛋白。古代皮革胶原蛋白已发生变性,因此在降解第二阶段失重速率最大时的温度比现代皮革要高;三是皮革鞣制时使用的鞣剂单宁、加入的脂类物质以及鞣制的工艺流程对其性能的影响非常大。鞣制工艺决定了皮革的性能,最高降解温度受鞣剂种类的影响,使用不同鞣剂制作的皮革,其稳定性各不一样[7]。与纯胶原蛋白相比,植鞣革最高降解温度降低,而金属鞣制皮革最高降解温度更高[8]。同时,皮革文物中植物鞣剂单宁含量的减少,也可能对其降解温度产生一定影响。皮革的热稳定性和胶原蛋白分子间交联状况有关[9]。

一般情况下,皮革的降解温度越高,其热稳定性也越好。从表 8.1 中可以看出,古代皮革的最大失重速率温度高于现代皮革样品,显然,皮革文物的热稳定性与最大失重速率温度没有太大关系,其中原因尚不清楚,需做进一步研究。经过碱处理后的皮革的热解温度较现代皮革样品略微降低,说明碱处理改变了皮革结构,使其热稳定性下降,这与 Marcilla 研究结果一致[10]。因此,对皮革文物保护材料的选择应尽量考虑不要使用碱性材料。

表 8.1　现代皮革样品、人工老化皮革样品、古代皮革样品热降解阶段温度和重量变化情况

样品	Ⅰ 阶段(℃)	Ⅱ 阶段(℃)	Ⅰ 阶段失重(%)	Ⅱ 阶段失重(%)	碳质残渣(%)
现代皮革样品	65	330	3.49	58.17	27.20
人工老化皮革样品	80	328	6.18	50.04	29.60
古代皮革样品 1	110	341	5.20	58.26	21.93
古代皮革样品 2	80	343	7.31	53.79	27.26
古代皮革样品 3	67	338	4.56	56.11	25.09

当温度达到 1000 ℃时,除了古代皮革样品 1 以外,其他样品降解后的碳质残渣量大致相同,约占总量的 27%。从表 8.1 中可知,古代皮革样品 1、古代皮革样品 3 碳质残渣少于现代皮革样品,古代皮革样品 1 碳质残渣最少(约 22%),古代皮革样品 2 与现代皮革样品基本一样(约 27%)。碳质残渣与样品中氨基酸含量以及单宁有关。现代皮革样品的碳质残渣比古代皮革样品多的原因有可能是:现代皮革样品中鞣剂单宁的含量比古代皮革高。古代皮革样品中的鞣剂单宁已降解一部分,而现代皮革样品尚未老化,其中单宁得以保存。有研究表明,植鞣革中约 13%的碳质残渣来源于单宁[11]。因此,现代皮革样品所剩碳质残渣比古代皮革样品多,增加的碳质残渣可能源于鞣剂单宁。经碱处理的人工老化样品碳质残渣为 29%,略高于现代样品,可能与人工老化时使用的氢氧化钙有关。

8.2.2　皮革热分解挥发性产物

图 8.7、图 8.8 为古代皮革样品 1 和现代皮革样品分别在 180 ℃、230 ℃、

280 ℃、330 ℃、380 ℃等不同温度点时挥发性产物的红外光谱图。从图 8.7、图 8.8可知,古代皮革样品 1 和现代皮革样品热分解过程一样,分解的挥发性

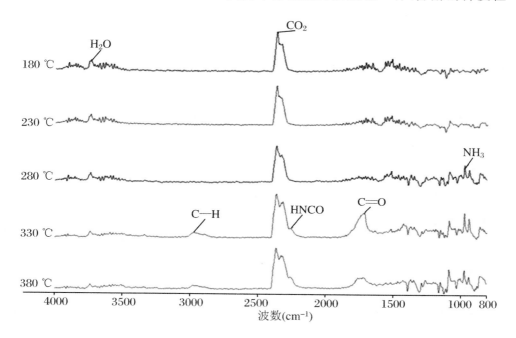

图 8.7　古代皮革样品 1 在不同温度点热分解产物红外光谱图

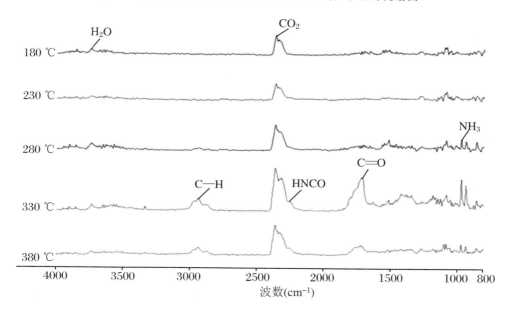

图 8.8　现代皮革样品在不同温度点热分解产物红外光谱图

产物主要有氨气（NH₃）、水（H₂O）、二氧化碳（CO₂）、异氨酸（HNCO），分解温度范围为 180～380 ℃。在热分解过程中不同温度点的挥发性产物基本相同。在 180 ℃ 时，伴随有二氧化碳和水分的挥发。当温度达到 280 ℃ 时，可以观察到在 964 cm⁻¹ 处有红外吸收峰，此峰归属为 NH₃ 特征吸收峰，表明氨基酸开始分解，产生氨气，氨气源于胶原蛋白的脱氨基反应。当温度升高到 330 ℃ 时，主要是氨基酸的分解，此时失重速率最大，挥发性产物最多，产生的气体有 CO_2（2358 cm⁻¹）、H_2O（3400～4000 cm⁻¹）、NH_3（965 cm⁻¹）、HNCO（2250 cm⁻¹）等[12]，其中 CO_2 红外光谱峰强度最大，现代皮革样品和古代皮革样品在 330 ℃ 时 NH_3 谱峰强度均达到最大，说明氨基酸的分解最为剧烈。此外，在 2850～3000 cm⁻¹ 处出现了一个宽峰，峰高值为 2940 cm⁻¹，有可能是氨基酸分子片段中的 C—H，主要是乙烷。在 1730 cm⁻¹ 处 C—O 化合物归于氨基酸羧基的红外吸收峰。随着温度进一步升高，NH_3、HNCO 等挥发性产物红外光谱吸收峰强度逐渐减弱，表明挥发性气体开始减少，氨基酸的分解反应逐渐停止。

鉴于样品在 330 ℃ 时主要发生氨基酸的分解反应，且挥发性产物最多，实验将所有样品在 330 ℃ 时所产生的挥发性产物的红外光谱图进行了比较。图 8.9 是现代皮革样品、人工老化皮革样品和古代皮革样品在 330 ℃ 时所产生的挥发性产物的红外光谱图。从图中可以看到，古代皮革样品、人工老化皮革样

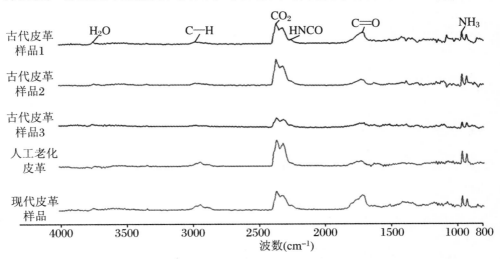

图 8.9 现代皮革样品、人工老化皮革样品和古代皮革样品在 330 ℃ 时热分解挥发性产物红外光谱图

品和现代皮革样品在主要分解阶段所产生的挥发性产物基本一样,只是在吸收峰强度上略有区别,这与样品中主要成分胶原蛋白的含量有关。

8.2.3 皮革热裂解反应机理

1. 热裂解反应的挥发性产物及其来源

皮革样品热裂解主要挥发性产物及其相对含量见表8.2。现代皮革样品、人工老化皮革样品和古代皮革样品裂解色谱图见图8.10。

表 8.2 皮革样品热裂解主要挥发性产物及其相对含量

编号	保留时间 (min)	化合物	相对百分含量(%)					质荷比 (m/z)	分子量
			现代皮革样品	人工老化皮革样品	古代皮革样品 1	古代皮革样品 2	古代皮革样品 3		
1		氨气						17	17
2	1.403	二氧化碳	32.88	39.11	35.83	46.79	45.49	44, 28	44
3		水						17, 18	18
4	1.498	甲硫醇	0.03	0.04	1.58	0.1	0.16	33, 47, 68	48
5	1.628	乙腈	/	3.59	3.46	2.55	/	38, 41, 70	41
6	1.714	氢氰酸	0.07	0.11	0.35	0.15	0.13	26, 27, 53	53
7	1.933	丙腈	0.27	0.65	0.77	0.43	0.39	28, 54, 67	55
8	2.765	1-乙烯基氮丙啶	/	2.01	2.24	2.54	2.27	27, 41, 69	69
9	3.540	2-甲基丁腈	0.13	0.2	/	/	0.3	29, 55, 81, 96	83
10	3.713	异戊腈	0.23	0.39	0.45	0.38	0.4	27, 43, 68, 96	83
11	3.861	N-甲基吡咯	0.25	0.16	0.47	0.21	0.34	27, 43, 81, 100	81
12	3.957	2-溴-3-羟基吡啶	0.6	0.54	0.64	0.45	0.46	26, 52, 79, 164	174
13	4.309	吡咯	5.65	6.87	8.83	7.58	7.63	28, 39, 67, 96	67
14	5.867	N-乙吡啶	0.2	0.23	0.39	0.25	0.26	39, 53, 80, 95	95
15	5.987	2-甲基吡啶	0.14	0.32	0.35	0.25	0.36	38, 39, 66, 93	93
16	6.853	2-甲基吡咯	0.77	1.56	1.42	1.22	1.35	28, 53, 80, 92	81
17	7.100	3-甲基吡咯	0.44	0.78	0.61	0.64	0.79	27, 53, 80, 96	81

编号	保留时间（min）	化合物	相对百分含量（%）					质荷比（m/z）	分子量
			现代皮革样品	人工老化皮革样品	古代皮革样品1	古代皮革样品2	古代皮革样品3		
18	9.433	三甲基呋喃酮	/	0.12	/	0.08	/	43, 83, 111, 125	126
19	9.605	2,5-二甲基吡咯	0.13	0.25	0.23	0.18	0.16	27,53,80,94	95
20	9.690	2-乙基吡咯	0.19	0.46	0.43	0.38	0.3	38, 53, 80, 95	95
21	9.772	2,3-二甲基吡咯	0.07	0.13	0.24	0.07	0.09	28, 53, 80, 94	95
22	10.007	2,4-二甲基吡咯	0.13	0.25	0.21	0.17	0.19	27, 39, 80, 94	95
23	10.256	3-乙基吡咯	0.2	0.26	0.19	0.2	0.19	28, 53, 80, 95	95
24	11.856	苯酚	4.22	1.06	/	2.36	3.15	37, 39, 66, 94	94
25	12.130	2-氨基吡啶	/	0.31	1.22	0.44	0.32	41, 67, 94,115	94
26	13.916	邻甲酚	2.85	/	/	0.5	0.57	27, 39, 79,108	108
27	14.596	对甲酚	4.98	2.04	/	4.46	5.64	27, 51, 77,107	108
28	15.269	2,6-二甲基苯酚	0.35	/	/	/	/	39, 77, 107, 122	122
29	16.835	吡咯-2-甲腈	0.28	0.22	1.57	0.48	0.39	28, 41, 65, 92	92
30	20.240	2-甲基萘	1.16	/	/	/	/	71, 98, 115, 142	142
31	20.626	1-甲基萘	2.66	0.81	/	/	/	71, 89, 115, 142	142
32	30.423	环(脯氨酸-甘氨酸)	7.17	13.74	15.21	10.37	8.48	83, 111, 126, 154	154
33	33.112	棕榈酸甲酯	0.18	0.97	/	/	/	74, 143, 227, 270	270
34	33.487	环(脯氨酸-脯氨酸)	1.94	1.4	2.02	1.88	1.97	70, 96, 124, 194	194
35	35.653	硬脂酸烯丙酯	0.57	0.2	/	/	/	69, 100, 125, 327	324
36	35.934	亚油酸甲酯	0.32	0.53	/	/	/	67, 95, 262, 294	294
37	36.047	油酸甲酯	1.12	1.86	/	/	/	69, 96, 264, 296	296
38	36.148	反-9-十八碳烯酸甲酯	0.31	0.37	/	/	/	69, 124, 264, 296	296
39	36.466	硬脂酸甲酯	0.26	0.36	/	/	/	97, 199, 255, 298	298
40	37.746	环(脯氨酸-羟脯氨酸)	5.28	0.96	7.38	3.83	3.06	41, 70, 124, 210	210

注:对应热裂解色谱谱峰见图 8.10。

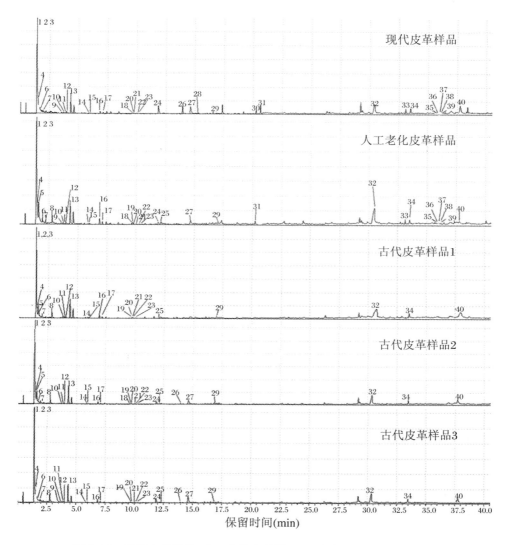

图 8.10 现代皮革样品、人工老化皮革样品、古代皮革样品裂解色谱图

注:峰对应挥产物见表8.2。

皮革样品热裂解反应的挥发性产物有100多种,主要是氨气(NH_3)、水(H_2O)、二氧化碳(CO_2)、二酮哌嗪类化合物(DKP)、氢氰酸(HCN)、吡咯(C_4H_5N)等。表8.2列出的是40种皮革样品热裂解主要挥发性产物及其相对含量。编号1～3号小分子量挥发性产物源于胶原蛋白类物质,主要是由水、二氧化碳和氨气组成,由于在色谱柱中没有彻底分离,所以在裂解色谱图中不能完全区分开来。热重-红外检测结果表明皮革热分解产物主要是氨气、二氧化碳和水,这三种挥发性产物的相对百分含量非常高,占到总量的 1/3 以上,在古代皮革样品 1 中相对百分含量约为 36%,在古代皮革样品 2、3 中的相对百分含量约为 47%,几乎占总量的一半。留存的古代皮革样品主要成分以胶原蛋白为主,其基本构成是氨基酸,含有大量氨基结构,由于侧链氨基结构稳定性较差,容易氧化,因此,遇热时侧链氨基结构首先被破坏,释放出氨气。氨气、二氧化碳的产生意味着氨基酸中氨基、亚氨基、羧基等基团的失去[6]。

二酮哌嗪类化合物(DKP)是甘氨酰基多肽热解产物[13],主要来源于甘氨酸、脯氨酸、丙氨酸、羟脯氨酸等氨基酸残基,是热解过程中蛋白分子 N 端氨基酸残基环化形成的[14],进一步降解为 Pro-Gly(No.32)、Pro-Pro(No.34)、Pro-Hyp(No.40)、Pro-Ala 等二肽[15]。二酮哌嗪类化合物是皮革热解主要产物之一(表 8.3),热裂解质谱图中可见 Pro-Gly 的挥发性强度最大,这主要是由于胶原蛋白中甘氨酸的含量最大,占比高达 33%。对比现代皮革样品和古代皮革样品在裂解过程中二酮哌嗪类化合物(DKP)的相对挥发量和强度,发现区别并不明显,这说明老化过程对氨基酸链结构改变并不明显。此外,氨气挥发量与皮革中含氮量有关。有研究表明保存较好或水解程度不高的胶原蛋白多肽链的长度更长,在热解过程中二酮哌嗪的产量更多[16]。如果水解完全一些,多肽则分解成小分子碎片,二酮哌嗪的挥发量会相应减少。

氢氰酸来源于脯氨酸,脯氨酸含氮杂环结构在加热过程中会发生分解,产生 HCN[17]。吡咯啉是皮革热解的典型挥发性产物,源于胶原蛋白中氨基酸含量占比第二高的脯氨酸,也是羟脯氨酸裂解主要产物[18],是羟脯氨酸脱水后又脱氢形成的[19]。吡咯源于脯氨酸和羟脯氨酸[20]。苯酚是鞣剂单宁的主要成分,现代皮革样品挥发性产物有苯酚以及邻甲酚、对甲酚、2,6-二甲基苯酚等酚类化合物(表 8.2 中编号 24,26~28),说明现代皮革样品中存在植物鞣剂单宁,并参与了热裂解过程中的反应。而人工老化皮革样品和古代皮革样品中仅检测出少部分酚类物质,说明单宁在古代皮革样品劣化过程中发生了降解,残留少量的单宁,该结论与红外光谱分析结果一致。芳香烃则源于胶原蛋白氨基酸残基的侧链基团苯基。

2. 氨基酸、酚类和脂类等挥发性产物的量化分析

表 8.3 为皮革样品热分解过程中氨基酸、酚类和脂类等物质的挥发性产物的相对百分含量。从表中可以看到,纯胶原蛋白分解所得的二酮哌嗪类化合物(DKP)的挥发量为 34.23%,而古代皮革样品 1、2、3 分别为 24.61%、16.08%

和 13.51%。可以认为,这三个古代皮革样品中,古代皮革样品 1 中胶原蛋白水解程度较其他两个古代皮革样品要小,说明胶原蛋白保存情况最好。

此外,现代皮革样品和古代皮革样品中(古代皮革样品 1 除外)均检测出苯酚,说明古代皮革样品制作时经过鞣制处理,使用的是植物鞣剂。现代皮革样品中酚类挥发性产物的相对百分含量大于古代皮革样品和人工老化皮革样品,说明古代皮革样品和人工老化皮革样品中的鞣剂单宁在埋藏过程、人工老化过程中发生了降解,参与了老化过程,与其劣化有关。从酚类物质的挥发量可以看出,古代皮革样品 3 中残留单宁数量最多,古代皮革样品 1 中残留最少,表明古代皮革样品 3 在劣化过程中单宁流失最少,古代皮革样品 1 中单宁降解最严重,这可能与皮革不同的埋藏环境有关。

皮革是由生皮经鞣制、加脂处理而成,脂类物质通常是皮革加工过程中使用的材料,其作用是使皮革变得柔软,有弹性。表 8.3 数据表明,现代皮革样品脂类物质含量较古代皮革样品高。现代皮革样品中检测出油酸甲酯、硬脂酸甲酯、硬酯酸烯丙酯、亚油酸甲酯等酯类挥发性产物,其相对百分含量为 2.76%,而古代皮革样品中测出的酯类挥发性产物极少,其中古代皮革样品 2 中的含量为 0.08%,古代皮革样品 1、3 中的含量为 0,表明古代皮革样品在劣化过程中脂类物质已完全降解,流失殆尽。人工老化皮革样品中检出的酯类挥发性产物百分含量高于现代皮革样品,其主要原因可能有两点:一是现代皮革样品中的油脂类物质在热裂解过程氧化生成了醛类和酮类等物质[21],而人工老化皮革样品中检出的醛类和酮类很少。二是可能与人工老化条件有关,老化样品经过碱水解和热老化处理。纯胶原蛋白中不含脂类和酚类物质,所以其相应的挥发性产物,如油酸甲酯、硬脂酸甲酯等都没有产生。

表 8.3　现代皮革样品、人工老化皮革样品、古代皮革样品的主要挥发性物质含量

主要物质	现代皮革样品(%)	人工老化皮革样品(%)	古代皮革样品 1(%)	古代皮革样品 2(%)	古代皮革样品 3(%)	胶原蛋白(%)
氨气、二氧化碳、水	32.88	39.11	35.83	46.79	45.49	46.55
二酮哌嗪类化合物	16.1	16.1	24.61	16.08	13.51	34.23
吡咯类	14.39	10.72	12.63	10.65	11.04	2.47
酚类	12.4	3.1	0	7.32	9.36	0

主要物质	现代皮革样品(%)	人工老化皮革样品(%)	古代皮革样品1(%)	古代皮革样品2(%)	古代皮革样品3(%)	胶原蛋白(%)
酯类	2.76	4.41	0	0.08	0	0
醛类、酮类	4.14	0.53	2.19	0.06	5.04	0.24
其他	17.33	26.03	24.74	19.02	15.56	16.51

随着劣化的发生,古代皮革中胶原蛋白、鞣剂单宁以及脂类物质的含量都会减少,其中鞣剂和脂类物质减少尤为明显,残留下来的大部分是胶原蛋白,还有极少的酚类、脂类物质,因此胶原蛋白的相对百分含量增加,导致古代皮革样品和人工老化皮革样品中胶原蛋白的相对百分含量数值大于现代皮革样品。同时也造成胶原蛋白的挥发性产物——二酮哌嗪类化合物、氨气、二氧化碳等所占相对百分比值相应变大。

3. 皮革热裂解反应机理

在组成胶原蛋白的 18 种氨基酸中,甘氨酸(Gly,33%)、脯氨酸(Pro,13%)、羟脯氨酸(Hyp,10%)和丙氨酸(Ala,10%)占比达到氨基酸总量的 66%左右,其余 14 种氨基酸在胶原蛋白中的占比较低,每种不超过 10%。因此,本次皮革裂解主要考虑甘氨酸、脯氨酸、羟脯氨酸与丙氨酸 4 种氨基酸的热裂解过程,仅对这 4 种氨基酸进行剖析。

有研究表明,甘氨酸、脯氨酸、丙氨酸、羟脯氨酸具有不同的热稳定性,裂解的挥发性产物和裂解过程也各不一样[12,22-33]。甘氨酸热裂解失重过程分为 3 个温度段:200～310 ℃、310～480 ℃和 480～840 ℃。其中,200～310 ℃为热失重的主要阶段,在此阶段热失重速率最快,质量损失率高达 50.66%,主要挥发性产物有氢氰酸(HCN)、氨气(NH_3)、水(H_2O)、二氧化碳(CO_2)。310～480 ℃温度段主要挥发性产物是异氰酸($HNCO$)。480～840 ℃温度段主要挥发性产物有 HNCO与 CO。丙氨酸热裂解失重过程只有一个温度段,即 200～360 ℃,失重率达到98.97%,主要挥发性产物有 CO_2、NH_3、H_2O、甲烷(CH_4)和 HCN 5 种小分子气体。脯氨酸热裂解失重过程可分为 2 个温度段:200～380 ℃和 380～900 ℃。其中,200～380 ℃为热失重的主要阶段,在此阶段热失重速率最快,质量损失率高达 89.40%;380～900 ℃温度段主要挥发性产物有 CO_2、H_2O、HCN 和CH_4 4 种小分子气体。羟脯氨酸热失重与脯氨酸类似。

　　这四种氨基酸的热裂解过程主要包括脱水、脱羧、脱氨等几种反应,具体如下:

　　(1) 脱水

　　① 分子间脱水。在 $180\sim230\ ℃$,皮革胶原蛋白中的甘氨酸、丙氨酸、脯氨酸、羟脯氨酸发生分子间脱水,反应式分别如下:

$$(8.1)$$

$$(8.2)$$

$$(8.3)$$

$$(8.4)$$

其中,甘氨酸分子间脱水反应为两分子的甘氨酸失去一分子水并生成双甘氨肽,双甘氨肽继续发生脱水反应,生成2,5-二酮哌嗪类化合物(DKP)。丙氨酸分子间脱水反应为两分子的丙氨酸失去一分子水并生成双丙氨肽,双丙氨肽继续发生脱水反应,生成2,5-二酮哌嗪类化合物(DKP)。脯氨酸分子间脱水反应为两分子的脯氨酸失去一分子水并生成双脯氨肽,双脯氨肽继续发生脱水反应,生成2,5-二酮哌嗪类化合物(DKP)。羟脯氨酸分子间脱水反应为两分子的羟脯氨酸失去一分子水并生成双羟脯氨肽,双羟脯氨肽继续发生脱水反应,失去一分子水并生成2,5-二酮哌嗪类化合物(DKP)。

甘氨酸、丙氨酸、脯氨酸、羟脯氨酸发生分子间脱水,产物除水外,均有2,5-二酮哌嗪类化合物(DKP)生成。

② 分子内脱水。甘氨酸、丙氨酸、脯氨酸、羟脯氨酸发生分子内脱水,反应式分别如下:

$$(8.5)$$

$$(8.6)$$

$$(8.7)$$

$$\text{(羟脯氨酸)} \xrightarrow[-\text{H}_2\text{O}]{\Delta} \cdots \xrightarrow[-\text{H}_2\text{O}]{\Delta} \cdots \tag{8.8}$$

　　甘氨酸、丙氨酸、脯氨酸、羟脯氨酸的分子内脱水产物除水以外,均有环内酰胺生成,由于环内酰胺是三元环,张力较大,属于不稳定结构,容易进一步分解。

　　(2) 脱羧

　　热裂解产生的 CO_2 来自于氨基酸的脱羧反应,甘氨酸、丙氨酸、脯氨酸、羟脯氨酸的脱羧反应式分别如下:

$$NH_2\text{—}CH_2\text{—}COOH \xrightarrow{\Delta} CH_3\text{—}NH_2 + CO_2 \tag{8.9}$$

$$CH_3\text{—}\overset{\overset{\displaystyle NH_2}{|}}{CH}\text{—}COOH \xrightarrow{\Delta} CH_3\text{—}CH_2\text{—}NH_2 + CO_2 \tag{8.10}$$

$$\text{(脯氨酸)} \xrightarrow{\Delta} \text{(四氢吡咯)} + CO_2 \tag{8.11}$$

$$\text{(羟脯氨酸)} \xrightarrow{\Delta} \text{((R)-羟基四氢吡咯)} + CO_2 \tag{8.12}$$

　　其中,甘氨酸分解为甲胺与 CO_2,丙氨酸分解为乙胺与 CO_2,脯氨酸分解为四氢吡咯与 CO_2,羟脯氨酸分解为(R)-羟基四氢吡咯与 CO_2。

　　(3) 脱氨

　　当皮革样品加热到 280 ℃、330 ℃和 380 ℃时,皮革样品均会在 930 cm^{-1} 与965 cm^{-1} 处出现 NH_3 的红外特征峰。NH_3 来源于甘氨酸的脱氨反应和丙氨酸裂解中间产物间的脱氨反应,反应式分别如下:

$$2NH_2\text{—}CH_2\text{—}COOH + O_2 \xrightarrow{\Delta} 2\,\overset{\overset{\displaystyle O}{\|}}{C}H\text{—}COOH + 2NH_3 \tag{8.13}$$

$$\underset{\text{NH}}{\overset{\|}{\text{CH}}}\ \text{H}_3\text{C—CH} + \text{CH}_3\text{—CH}_2\text{—NH}_2 \xrightarrow{\Delta} \underset{\text{N}}{\overset{\|}{\text{CH}_3\text{—CH}}}\text{—CH}_2\text{—CH}_3 + \text{NH}_3$$

$$(8.14)$$

其中 $\text{CH}_3\text{—CH}_2\text{—NH}_2$ 来源于丙氨酸的脱羧反应，$\text{CH}_3\text{—CH}=\text{NH}$ 来源于二酮哌嗪类化合物（DKP）和环内酰胺裂解反应（式 8.15）、丙氨酸分子内脱水产物环内酰胺的分解反应（式 8.16）以及丙氨酸的脱羧、脱氢反应（式 8.17）。

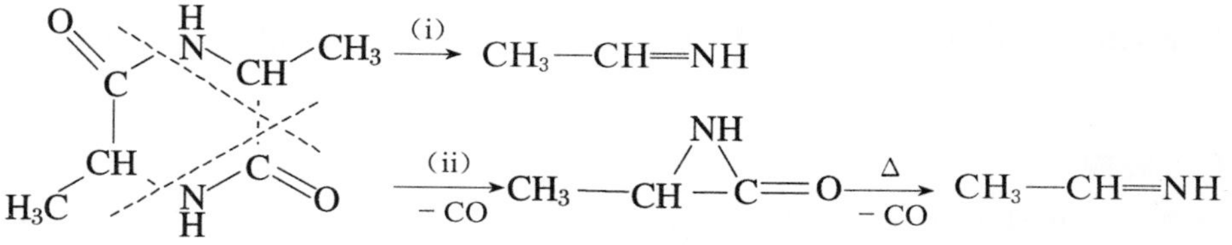

$$(8.15)$$

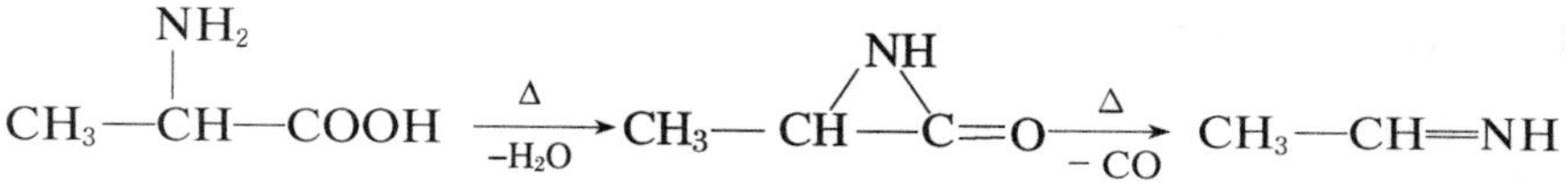

$$\underset{\text{NH}_2}{\overset{|}{\text{CH}_3\text{—CH—COOH}}} \xrightarrow[-\text{H}_2\text{O}]{\Delta} \text{CH}_3\text{—CH}\overset{\text{NH}}{\underset{}{\diagdown}}\text{C}=\text{O} \xrightarrow[-\text{CO}]{\Delta} \text{CH}_3\text{—CH}=\text{NH}$$

$$(8.16)$$

$$\underset{\text{NH}_2}{\overset{|}{\text{CH}_3\text{—CH—COOH}}} \xrightarrow[-\text{CO}_2]{\Delta} \text{CH}_3\text{—CH}_2\text{—NH}_2 \xrightarrow[-\text{H}_2]{\Delta} \text{CH}_3\text{—CH}=\text{NH}$$

$$(8.17)$$

（4）其他反应

① $\text{C}=\text{O}$、HNCO、CH_4 等小分子物质。通过古代皮革样品 1 在不同温度点热解产物红外光谱图可知，当皮革样品加热到 330 ℃ 时、380 ℃ 时，皮革样品均会在 $1740\sim1775\ \text{cm}^{-1}$ 处、$2250\sim2280\ \text{cm}^{-1}$ 处、$2700\sim3200\ \text{cm}^{-1}$ 处出现羰基（$\text{C}=\text{O}$）、异氰酸（HNCO）、碳氢单键（C—H）的红外特征峰，考虑到红外分析操作过程已经排除空气中 $\text{C}=\text{O}$、HNCO、C—H 的干扰。因此，实验获得的红外光谱图中相应的吸收峰，表明皮革样品的热裂解产物中存在含 $\text{C}=\text{O}$ 的化合物，以及 HNCO、CH_4 等小分子物质。

$\text{C}=\text{O}$ 主要来源于甘氨酸、丙氨酸、脯氨酸和羟脯氨酸脱水反应产物 2,5-二酮哌嗪类化合物（DKP）。HNCO 来源于甘氨酸、丙氨酸脱水反应后生成的 2,5-二酮哌嗪类化合物（DKP）的热裂解反应（式 8.18、8.19）。

$$\xrightarrow{\text{(i)}} CH_2\!=\!NH \qquad\qquad (8.18)$$
$$\xrightarrow{\text{(ii)}} HNCO$$

$$\xrightarrow{\text{(i)}} CH_3\!-\!CH\!=\!NH \qquad\qquad (8.19)$$
$$\xrightarrow{\text{(ii)}} HNCO$$

CH_4 来源于甘氨酸的脱氨反应后生成的乙酸的热裂解产物(式 8.20)、丙氨酸的脱水、脱羧反应后生成的乙基亚胺的热裂解产物(式 8.21),以及羟脯氨酸脱水反应生成的乙基亚胺的热裂解产物(式 8.22)。

$$H_2N\!-\!CH_2\!-\!COOH \xrightarrow[-NH_3]{\Delta} CH_3COOH \xrightarrow{\Delta} CH_4 + CO_2 \qquad (8.20)$$

$$CH_3\!-\!\overset{\overset{\displaystyle NH_2}{|}}{CH}\!-\!COOH \xrightarrow[-H_2O]{\Delta} CH_3\!-\!CH\!-\!\overset{\overset{\displaystyle NH}{\|}}{\underset{\underset{\displaystyle O}{\|}}{C}} \xrightarrow[-CO]{\Delta} CH_3\!-\!CH\!=\!NH$$

$$\xrightarrow{\Delta} HCN + CH_4 \qquad\qquad (8.21)$$

$$\xrightarrow[-2H_2O]{\Delta} 2\,\overset{\overset{\displaystyle O}{\|}}{C} \qquad \xrightarrow[-2H_2O]{-2CO} 2CH_3\!-\!CH\!=\!NH$$

$$\xrightarrow{\Delta} 2HCN + 2CH_4 \qquad\qquad (8.22)$$

② 吡咯类。吡咯是脯氨酸和羟脯氨酸热裂解产物。脯氨酸因含有氮杂环结构,易发生脱羧反应,该过程不会生成氨气。当脯氨酸加热至 330 ℃、380 ℃,其热解过程首先发生脱羧反应生成 CO_2 与四氢吡咯,随后四氢吡咯脱氢生成二氢吡咯,最后二氢吡咯继续脱氢生成吡咯,反应过程见式(8.23)。羟脯氨酸反应原理同上(式 8.24)。

$$(8.23)$$

$$(8.24)$$

③ HCN。当温度为 330 ℃、380 ℃时,两分子的脯氨酸之间通过两次脱水形成环状 2,5-二酮哌嗪类化合物(DKP),该环状化合物发生两种途径的热裂解过程。第一种是 2,5-二酮哌嗪类化合物(DKP)分两步进行脱水,生成环内酰胺,随后环内酰胺失去一分子 CO 生成四氢吡咯,四氢吡咯受热分解成甲基亚胺($CH_2{=}NH$),甲基亚胺发生脱氢反应,生成 HCN。第二种是 2,5-二酮哌嗪类化合物(DKP)先脱除一分子 CO,热裂解生成四氢吡咯,随后受热分解为甲基亚胺,甲基亚胺继续热裂解生成 HCN,反应过程可见式(8.25)。

$$(8.25)$$

当温度为 330 ℃、380 ℃时,两分子的羟脯氨酸之间通过两次脱水形成 2,5-二酮哌嗪类化合物(DKP),该环状化合物 DKP,发生两种途径的热裂解过程。第一种是环状化合物 DKP 先脱一分子水(H_2O),生成(R)-羟基四氢吡咯醚,随后该醚脱除一分子一氧化碳(CO)生成(R)-羟基四氢吡咯,(R)-羟基四氢吡咯随后脱水生成四氢吡咯,四氢吡咯继续脱氢生成甲基亚胺,甲基亚胺脱氢生成氢氰酸(HCN)。第二种是环状化合物 DKP 先直接脱除一分子 CO,生成(R)-羟基四氢吡咯,(R)-羟基四氢吡咯随后脱水生成四氢吡咯,四氢吡咯继续脱氢生成甲基亚胺,甲基亚胺脱氢生成氢氰酸(HCN),反应过程可见式(8.26)。

$$(8.26)$$

HCN 的来源除了上述两种途径,还有来自于式 8.21、式 8.22 反应。但 HCN 的峰值在本次红外图谱中表现并不明显,可能是热裂解过程中 HCN 被氧化成异氰酸(HNCO),降低了 HCN 特征峰的吸收强度,而增强了 HNCO 的红外吸收峰强度。

表 8.4 为皮革胶原蛋白中四种主要氨基酸相应的热分解产物。氨基酸主要发生脱水、脱羧、脱氨等反应。可以看出甘氨酸、丙氨酸、脯氨酸和羟脯氨酸的分子间脱水反应均生成 2,5-二酮哌嗪类化合物(DKP)和水。对于分子内脱水反应,这四种氨基酸的所得产物相同,均为环内酰胺和水。对于脱羧反应,甘氨酸生成甲胺,丙氨酸生成乙胺,脯氨酸生成四氢吡咯,羟脯氨酸生成(R)-羟基四氢吡咯。对于脱氨反应,可以看到脯氨酸和羟脯氨酸这两种氨基酸没有相应产物,这是因为脯氨酸和羟脯氨酸存在含氮杂环结构,热裂解过程中均不会生成小分子的 NH_3,所以在热失重过程中检测不到 NH_3 的特征吸收峰。甘氨酸和丙氨酸发生脱氨反应分别得到乙酸和二乙基亚胺。

表 8.4　皮革胶原蛋白中四种氨基酸主要热分解产物

	分子间脱水	分子内脱水	脱羧	脱氨
甘氨酸(Gla)	2,5-二酮哌嗪	环状酰胺	甲胺	乙酸
丙氨酸(Ala)	2,5-二酮哌嗪	环状酰胺	乙胺	1-甲基,2-乙基亚胺
脯氨酸(Pro)	2,5-二酮哌嗪	环状酰胺	四氢吡咯	
羟脯氨酸(Hyp)	二酮-2,2-联吡咯	环状酰胺	(R)-羟基四氢吡咯	

图 8.11 为甘氨酸、丙氨酸、脯氨酸、羟脯氨酸等氨基酸热裂解反应通式,该通式描述了四种氨基酸的脱水、脱羧、脱氨、断链反应、侧链断裂等有机分子的化学反应过程。首先是在 $180 \sim 230$ ℃,皮革胶原蛋白中的甘氨酸、丙氨酸、脯氨酸、羟脯氨酸发生分子间脱水,两个氨基酸分子间发生脱水反应,生成双甘氨肽,双甘氨肽继续脱水环化,生成 DKP。此外,上述四种氨基酸也会发生分子内脱水,即一分子的氨基酸发生分子内脱水,生成环状多肽。氨基酸发生分子间与分子内脱水,过程中产生大量小分子 H_2O。在该温度段,甘氨酸会裂解生

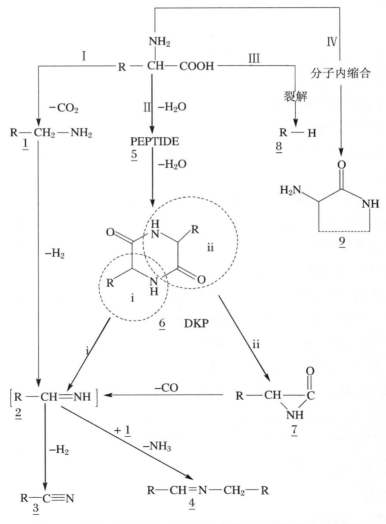

图 8.11　甘氨酸、丙氨酸、脯氨酸、羟脯氨酸热裂解反应通式[31]

成甲胺与 CO_2，丙氨酸会裂解生成乙胺与 CO_2，脯氨酸会裂解生成四氢吡咯与 CO_2，羟脯氨酸会裂解生成（R）-羟基四氢吡咯与 CO_2。当温度上升至 280 ℃ 左右时，甘氨酸发生脱氨反应，生成小分子 NH_3 与乙酸，丙氨酸热裂解的中间产物乙基亚胺与乙胺发生脱氨基反应，生成小分子 NH_3 与 1-甲基，2-乙基亚胺。由于脯氨酸和羟脯氨酸这两种氨基酸存在含氮杂环结构，热裂解过程中均不会生成小分子的 NH_3，所以在热失重过程中检测不到 NH_3 的特征吸收峰。当温度上升至 330～380 ℃ 时，甘氨酸与丙氨酸的中间裂解产物 DKP 发生两种热裂解反应，其主反应会生成甲基亚胺与乙基亚胺，继续受热分解成小分子的氢氰酸（HCN），副反应会热裂解生成异氰酸（HNCO）。脯氨酸与羟脯氨酸的中间裂解产物 DKP 发生两种热裂解反应，其主反应会生成四氢吡咯，副反应会生成 HCN。脯氨酸与羟脯氨酸的中间裂解产物 DKP 同时会裂解成甲基亚胺，最后受热分解成小分子的 HCN 与 CH_4。

由四种氨基酸热分解反应可以看出，其分解产物均有 HCN、NH_3、H_2O 和 CO_2，由时温等效原理可知，皮革文物在博物馆的保存环境下，也会发生这些分解反应，在无酸碱物质和微生物介入作用时（通常情况下博物馆的保存环境较为洁净），皮革文物的降解机理主要由这四种氨基酸分解反应决定。因此，皮革文物在保存过程中，温度的控制十分重要，温度越高，皮革文物降解速度越快，损坏越严重。

本 章 小 结

本章以皮革的热降解挥发性产物为研究对象，探讨了皮革文物的降解机理。研究结果表明皮革在劣化过程中胶原蛋白长肽分解成短肽和氨基酸，氨基酸会发生脱水、脱羧、脱氨、侧链断裂等反应。同时，皮革中的鞣剂单宁和脂类物质也发生了降解。

TG-FTIR 结果表明，古代皮革样品和现代皮革样品热降解过程基本相同，可以分为两个主要阶段。第一个降解阶段温度在 25～120 ℃，失重约 5%，主要是水分的挥发。第二降解阶段温度在 180～550 ℃，失重 50%～58%，主要是胶原蛋白的降解。当温度达到 180 ℃ 时,挥发性产物有二氧化碳和水,当温度达到 280 ℃ 时,氨基酸开始分解,有氨气产生,当温度达到 330 ℃ 时,主要是氨基酸的分解,此时失重速率最大,产生的挥发性产物最多,主要挥发性气体有 CO_2、H_2O、NH_3、$HNCO$ 等,其中 CO_2 红外光谱吸收峰强度最大,NH_3 吸收峰强度达到最大说明氨基酸的分解最剧烈。随着温度进一步升高,达到 550 ℃ 时,挥发性气体开始减少,热分解反应逐渐结束。

由于皮革中甘氨酸、丙氨酸、脯氨酸、羟脯氨酸所占比例较大,达到氨基酸总量的 66% 左右,通过对这四种氨基酸热降解过程的研究,基本可以厘清皮革热降解的机理。Py-GC/MS 结果表明,皮革的热分解过程伴随着氨基酸的脱水、脱羧、脱氨、侧链断裂等化学反应,主要挥发性产物有 NH_3、H_2O、CO_2、吡咯(C_4H_5N)、二酮哌嗪类化合物(DKP)、异氰酸(HNCO)、氢氰酸(HCN)、甲烷(CH_4)等。据此,可将皮革热分解的过程分为以下几个主要阶段:① 在 180~230 ℃ 温度段,皮革胶原蛋白中的甘氨酸、丙氨酸、脯氨酸、羟脯氨酸发生分子间脱水和分子内脱水反应。② 当温度上升至 280 ℃ 左右时,甘氨酸发生脱氨基反应,丙氨酸热裂解的中间产物乙基亚胺与乙胺发生脱氨基反应。③ 在 330~380 ℃ 温度段,甘氨酸、丙氨酸、脯氨酸、羟脯氨酸的中间裂解产物 DKP 发生两种热裂解反应。

本章研究结果表明,皮革文物的降解过程可分为两部分,首先,出土之前,皮革文物在埋藏过程中,主要是皮革文物中的脂类物质、鞣制材料降解流失,胶原蛋白三螺旋解旋,胶原蛋白构象改变,发生了劣化反应,使胶原纤维结构受到破坏。其次,出土之后,皮革文物在保存过程中,由于胶原纤维结构松散,组成氨基酸发生热分解,逸出 CO_2、H_2O、NH_3、$HNCO$、C_4H_5N、DKP(二酮哌嗪类化合物)、HCN 和 HNCO 等物质。笔者认为 NH_3、$HNCO$、C_4H_5N、DKP(二酮哌嗪类化合物)、HCN 和 HNCO,可以作为皮革文物保存过程是否发生严重降解反应的监测标示物,一旦在皮革文物的保存环境中监测到这些物质,说明皮革文物发生了降解反应,此时应采取适当的保护措施,进行保护处理。由于环境中的 CO_2、H_2O 的干扰,CO_2 和 H_2O 不适合作皮革文物降解反应的标示物。

参 考 文 献

［ 1 ］ MAKHATADZE G I，Privalov P L. Energetics of protein structure［J］. Advances in Protein Chemistry，1995(47)：307-425.

［ 2 ］ 袁波，严惠民.利用红外光谱和窗口因子分析研究加热导致的牛血清白蛋白的二级结构变化［J］.高等学校化学学报，2007(12)：2255-2258.

［ 3 ］ 钟朝辉，李春美，顾海峰，等.温度对鱼鳞胶原蛋白二级结构的影响［J］.光谱学与光谱分析，2007(10)：1970-1976.

［ 4 ］ BOZEC L，ODLYHA M. Thermal denaturation studies of collagen by microthermal analysis and atomic force microscopy［J］. Biophysical Journal，2011，101(1)：228-236.

［ 5 ］ 李菲斐.蛋白质、氨基酸热裂解生成氢氰酸的研究［D］.郑州：中国烟草总公司郑州烟草研究院，2012.

［ 6 ］ SEBESTYÉN Z，CZÉGÉNY Z，BADEA E，et al. Thermal characterization of new，artificially aged and historical leather and parchment［J］. Journal of Analytical and Applied Pyrolysis，2015(115)：419-427.

［ 7 ］ CARŞOTE C，BADEA E，MIU L，et al. Study of the effect of tannins and animal species on the thermal stability of vegetable leather by differential scanning calorimetry［J］. Journal of Thermal Analysis and Calorimetry，2016，124(3)：1255-1266.

［ 8 ］ ONEM E，YORGANCIOGLU A，KARAVANA H A，et al. Comparison of different tanning agents on the stabilization of collagen via differential scanning calorimetry［J］. Journal of Thermal Analysis and Calorimetry，2017，129(1)：615-622.

［ 9 ］ CHAHINE C. Changes in hydrothermal stability of leather and parchment with deterioration：a DSC study［J］. Thermochimica Acta，2000，365(1,2)：101-110.

［10］ MARCILLA A，GARCÍA A N，LEÓN M，et al. Study of the influence of NaOH treatment on the pyrolysis of different leather tanned using thermogravimetric analysis and Py/GC-MS system［J］. Journal of Analytical and Applied Pyrolysis，2011，92(1)：194-201.

［11］ MARCILLA A，GARCÍA A N，LEÓN M，et al. Analytical pyrolysis as a method to characterize tannery wastes［J］. Industrial & Engineering Chemistry Research，2011，50(15)：8994-9002.

［12］ LI J，WANG Z，YANG X，et al. Evaluate the pyrolysis pathway of glycine and glycylglycine by TG-FTIR［J］. Journal of Analytical & Applied Pyrolysis，2007，80(1)：

247-253.

[13] HENDRICKER A D, VORRHEES K J. An investigation into the curie-point pyrolysis-mass spectrometry of glycyl dipeptides[J]. Journal of analytical and applied pyrolysis, 1996, 36(1): 51-70.

[14] YANG P, HE X, ZHANG W, et al. Study on thermal degradation of cattlehide collagen fibers by simultaneous TG-MS-FTIR[J]. Journal of Thermal Analysis and Calorimetry, 2017, 127(3): 2005-2012.

[15] LANGHAMMER M, LÜDERWALD I, SIMONS A. Analytical pyrolysis of proteins [J]. Fresenius' Journal of Analytical Chemistry, 1986, 324(1): 5-8.

[16] ORSINI S, PARLANTI F, BONADUCE I. Analytical pyrolysis of proteins in samples from artistic and archaeological objects[J]. Journal of Analytical and Applied Pyrolysis, 2017(124): 643-657.

[17] 金前争,王海宁,张世红,等.铬革屑热解 NO、NH₃ 和 HCN 的释放特性[J].化工学报, 2016,67(12):5291-5297.

[18] ADAMIANO A, FABBRI D, FALINI G, et al. A complementary approach using analytical pyrolysis to evaluate collagen degradation and mineral fossilisation in archaeological bones: the case study of vicenne-campochiaro necropolis (Italy)[J]. Journal of Analytical and Applied Pyrolysis, 2013(100): 173-180.

[19] ADAMIANO A. Pyrolysis of peptides and proteins. Analytical study and environmental applications[D]. Italy: The University of Bologna, 2012.

[20] STANKIEWICZ B A, HUTCHINS J C, THOMSON R, et al. Assessment of bog-body tissue preservation by pyrolysis-gas chromatography/mass spectrometry [J]. Rapid Communications in Mass Spectrometry, 1997, 11(17): 1884-1890.

[21] STRLIĊ M, CIGIĊ I K, RABIN I, et al. Autoxidation of lipids in parchment[J]. Polymer Degradation and Stability, 2009, 94(6): 886-890.

[22] MOLDOVEANU S C. Chapter 18 pyrolysis of amino acids and small peptides[J]. Techniques & Instrumentation in Analytical Chemistry, 2010(28):527-578.

[23] YANG P, HE X, ZHANG W, et al. Study on thermal degradation of cattlehide collagen fibers by simultaneous TG-MS-FTIR[J]. Journal of Thermal Analysis and Calorimetry, 2017, 127(3):2005-2012.

[24] TIAN K, LIU W J, QIAN T T, et al. Investigation on the evolution of n-containing organic compounds during pyrolysis of sewage sludge[J]. Environmental Science & Technology, 2014, 48(18):10888-10896.

[25] 李菲斐,郝菊芳,郭吉兆,等.5 种氨基酸热失重行为及其热解生成氢氰酸的研究[J]. 烟草科技,2017,50(11):58-65.

[26] YABLOKOV V Y，I. L. SMEL'TSOVA，ZELYAEV I A，et al. Studies of the rates of thermal decomposition of glycine，alanine，and serine[J]. Russian Journal of General Chemistry，2009，79(8):1704-1706.

[27] CHOI S S，KO J E . Dimerization reactions of amino acids by pyrolysis[J]. Journal of Analytical and Applied Pyrolysis，2010,89(1):74-86.

[28] CHIAVARI G，FABBRI D，PRATI S . Gas chromatographic-mass spectrometric a-nalysis of products arising from pyrolysis of amino acids in the presence of hexamethyld-isilazane[J]. Journal of Chromatography A，2001，922(1):235-241.

[29] JOHNSON W R，KAN J C . Mechanisms of hydrogen cyanide formation from the py-rolysis of amino acids and related compounds[J]. The Journal of Organic Chemistry，1971,36(1):189-192.

[30] SHARMA R K，CHAN W G，WANG J，et al. On the role of peptides in the pyrolysis of amino acids[J]. Journal of Analytical and Applied Pyrolysis，2004，72(1):153-163.

[31] CHIAVARI G，GALLETTI G C . Pyrolysis-gas chromatography mass-spectrometry of amino-acids[J]. Journal of Analytical & Applied Pyrolysis，1992，24(2):123-137.

[32] HAO J，GUO J，DING L，et al. TG-FTIR，Py-two-dimensional GC-MS with heart-cutting and LC-MS/MS to reveal hydrocyanic acid formation mechanisms during glycine pyrolysis[J]. Journal of Thermal Analysis & Calorimetry，2014，115(1):667-673.

[33] RATCLIFF JR M A，MEDLEY E E，SIMMONDS P G. Pyrolysis of amino acids. Mechanistic considerations [J]. The Journal of organic chemistry，1974，39 (11): 1481-1490.

[34] YABLOKOV V Y，SMEL'TSOVA I L，ZELYAEV I A，et al. Studies of the rates of thermal decomposition of glycine，alanine，and serine[J]. Russian Journal of General Chemistry，2009，79(8):1704-1706.

[35] CHOI S S，KO J E. Dimerization reactions of amino acids by pyrolysis[J]. Journal of Analytical and Applied Pyrolysis，2010，89(1):74-86.

[36] CHIAVARI G，FABBRI D，PRATI S. Gas chromatographic-mass spectrometric analy-sis of products arising from pyrolysis of amino acids in the presence of hexamethyldisi-lazane[J]. Journal of Chromatography A，2001，922(1):235-241.

[37] JOHNSON W R，KAN J C. Mechanisms of hydrogen cyanide formation from the pyrol-ysis of amino acids and related compounds[J]. The Journal of Organic Chemistry，1971，36(1):189-192.

[38] SHARMA R K，CHAN W G，WANG J，et al. On the role of peptides in the pyrolysis of amino acids[J]. Journal of Analytical and Applied Pyrolysis，2004，72(1):153-163.

[39] CHIAVARI G，GALLETTI G C. Pyrolysis-gas chromatography mass-spectrometry of

amino-acids[J]. Journal of Analytical & Applied Pyrolysis，1992，24(2):123-137.

[40] HAO J，GUO J，DING L，et al. TG-FTIR，Py-two-dimensional GC-MS with heart-cutting and LC-MS/MS to reveal hydrocyanic acid formation mechanisms during glycine pyrolysis[J]. Journal of Thermal Analysis & Calorimetry，2014，115(1):667-673.

[41] RATCLIFF M A，MEDLEY E E，SIMMONDS P G. Pyrolysis of amino acids: mechanistic considerations[J]. The Journal of Organic Chemistry，1974，39(11): 1481-1490.

第9章

皮革文物加固技术

⊙ 实验
⊙ 结果与讨论

　　墓葬出土的皮革文物往往十分脆弱，其主要成分胶原蛋白发生氧化水解，胶原分子解聚，胶原纤维断裂，皮革的柔韧性、抗张强度、热稳定性等物理机械性能降低，宏观上普遍存在糟朽、颜色发黑、收缩变形、开裂等多种病害，这些病害不利于皮革文物长期保存，严重影响了皮革文物的使用寿命。因此，选择合适的保护加固材料和方法，改善皮革物理机械性能，延缓皮革的劣化是皮革文物保护需要解决的主要问题，也是皮革文物保护研究面临的难题之一。

　　目前，皮革文物的保护一般采用加固、加脂等方法。加固材料主要有PEG、B72、羟丙基纤维素、聚乙烯醇缩丁醛（PVB）、明胶、聚氨酯、聚醋酸乙烯乳液、环氧树脂、聚乙烯醇缩丁醛乙烯共聚物、丁苯橡胶等[1-2]。常用的加脂涂饰剂有羊毛脂、蜂蜡、牛蹄油、亚麻油、甘油和雪松油等[3-5]。虽然这些保护材料和方法可以改善皮革文物的物理机械性能，但保护处理后的文物普遍存在外表发黏、油腻、颜色加深、易积聚灰尘、易霉变等问题。胶原蛋白作为一种蛋白质材料，具有填充性、遮盖性和成膜性等特性，可用作皮革复鞣填充剂、涂饰剂等[6]。然而，将胶原蛋白用于皮革文物保护修复的研究鲜有报道。

　　本章以动物皮为原料，制备与皮革具有同源性的皮浆作为糟朽皮革的加固材料。用戊二醛、单宁对皮浆膜进行改性，以改性皮浆膜的抗张强度和断裂伸长率为主要技术指标，用于评估皮浆作为糟朽皮革文物保护加固材料的可行性。最后，通过人工老化皮革加固实验，对加固前后皮革样品表面形貌、颜色、胶原纤维形态、胶原蛋白微观结构、热稳定性进行观察和测试分析，综合评估了糟朽皮革保护加固效果。

9.1 实　　验

　　实验仪器和设备有 AL104-IC 型电子天平(梅特勃-托利多仪器上海有限公司生产)、电子数显卡尺(分辨率为 0.01,桂林广陆数字测控股份有限公司生产)、FJ-200 型高速分散均质机(上海标本模型厂生产)、HH-600 型数显恒温水箱(江苏省金坛市鸿科仪器厂生产)、DHG-9240A 型电热恒温鼓风干燥箱(上海精宏实验设备有限公司生产)、NG-26953 型拉力机(江苏昆山恒广检测仪器有限公司生产)、VHX-600K 超景深三维显微镜(基恩士中国有限公司生产)、Sirion 200 型场发射扫描电子显微镜(荷兰 FEI 公司生产)、Quanta 650 扫描电子显微镜(美国 FEI 公司生产)、DSC-60 差示扫描量热仪(日本岛津公司生产)、Nicolet 8700 傅里叶变换红外光谱仪(美国 Nicolet 公司生产)。

　　主要实验材料和试剂有市售新鲜猪皮、无水氯化钙(分析纯)、无水氯化镁(分析纯)、25%戊二醛溶液(分析纯)、单宁酸(分析纯)、高锰酸钾(分析纯)、氢氧化钠(分析纯,国药集团化学试剂有限公司生产)、氢氧化钙(分析纯,天津市光复精细化工研究所生产)、硫酸铵(分析纯,生工生物工程股份有限公司生产)、蛋白胨(分析纯,北京奥博星生物技术有限责任公司生产)、牛肉膏(分析纯,北京奥博星生物技术有限责任公司生产)、琼脂粉(分析纯,北京奥博星生物技术有限责任公司生产)、现代皮革样品(市售新植鞣牛皮革)、表面活性剂、纯净水、蒸馏水。

　　将新鲜猪皮去污、脱毛,剔除皮下脂肪,放入 40 ℃温水中,加入表面活性剂,浸泡 30 min,然后用水漂洗至中性。再将猪皮切块,沥干称重,按皮块总质量的 10% 和 400% 分别称量硫酸铵和水。将猪皮块、硫酸铵、水放入不锈钢压力锅中,加热 2 h,用高速分散均质机制成粗胶原蛋白溶液,冷藏备用。

　　人工老化皮革样品是由现代皮革样品经老化处理而成,具体老化方法参照 Sebestyén 等[7]所使用的人工皮革样品老化方法。先将现代皮革裁剪成 4 cm×4 cm大小样品,浸泡在质量浓度分别为 4% 和 0.5% 的 Ca(OH)$_2$ 和 NaOH 的混合溶液中,温度保持 25 ℃,2 d 后取出,用 1% 浓度硫酸铵溶液漂洗,然后浸泡在去离子水中直至 pH 为中性,最后将样品放入 120 ℃烘箱 4 d 后取出,放置温度为 20 ℃、湿度 55%的恒温恒湿箱中,1 d 后取出备用。

利用干燥法、半微量定氮法、高锰酸钾滴定法、原子吸收法测试皮浆成分。

对钙镁离子浓度(因素 A)、戊二醛质量分数(因素 B)、单宁质量分数(因素 C)三因素进行三水平正交试验。以皮浆膜的抗张强度和断裂伸长率为评价指标,分析钙镁离子浓度的影响,确定戊二醛、单宁酸溶液的最佳质量分数。表9.1 为正交试验因素水平表,表 9.2 为试验方案。

表 9.1　正交试验因素水平表

因素 水平	钙镁离子浓度 (A)	戊二醛质量分数 (B)	单宁酸质量分数 (C)
1	水	1%	10%
2	0.25 mol/L Ca^{2+} 与 0.05 mol/L Mg^{2+} 混合液	3%	12%
3	0.5 mol/L Ca^{2+} 与 0.1 mol/L Mg^{2+} 混合液	5%	14%

分别配制 0.5 mol/L $CaCl_2$ 和 0.1 mol/L $MgCl_2$ 的混合溶液,0.25 mol/L $CaCl_2$ 和 0.05 mol/L $MgCl_2$ 的混合溶液(以下简称钙镁溶液),1%、3%和 5%的戊二醛溶液(质量分数),10%、12%和 14%的单宁酸溶液(质量分数)。

表 9.2　试验方案

试验编号	1	2	3	4	5	6	7	8	9
试验方案	$A_1B_1C_1$	$A_1B_2C_2$	$A_1B_3C_3$	$A_2B_1C_2$	$A_2B_2C_3$	$A_2B_3C_1$	$A_3B_1C_3$	$A_3B_2C_1$	$A_3B_3C_2$

称量皮浆,每次试验质量相等。按皮浆质量的 1/3 分别称量因素 A。称量后将皮浆和因素 A 混合制成 9 个试样。将试样放入恒温水箱中,于 40 ℃静置保温 4 h 后取出,放入恒温鼓风干燥箱中常温加速干燥成膜。揭膜后,先用不同质量分数的戊二醛溶液浸泡样品 1 h,再用不同质量分数的单宁酸溶液浸泡2 h,取出样品,自然风干。

加固材料物理和机械性能测试使用江苏昆山恒广检测仪器有限公司生产的 NG-26953 型拉力机。将风干后的皮浆膜分别裁切成符合拉力机试验要求长度、宽度的小块,每个试验号测 5 个平行样。参照皮革抗张强度和伸长率测定标准(QB/T 2710—2005)中的方法测试皮浆膜的抗张强度和断裂伸长率。

材料防霉实验具体方法为:取蛋白胨 5.0 g,牛肉膏 1.5 g,琼脂 10.0 g,加入

500 mL 蒸馏水，加热溶解并搅拌，煮沸 1 min 后倒入 5 只直径 90 mm 的培养皿中，置于压力蒸汽灭菌器内，以 121 ℃ 灭菌 15 min，冷却至 60 ℃。将自然界采集分离所得黑曲霉、黄曲霉、纯青霉、酵母菌 4 种霉菌分别接种到培养基上，编号后放在无菌恒温培养箱中培养 7 d，设置温度为 25 ℃、湿度为 60%，观察菌落生长状况。将培养好的霉菌分别涂布于皮浆膜上，放入无菌恒温培养箱中，设置温度为 25 ℃、湿度为 95%，28 d 后取出观察。

老化样品加固实验步骤为：首先将人工老化皮革样品用粗胶原蛋白溶液浸泡，置于恒温水箱水浴加热，设置温度为 50 ℃，加热 12 h。然后用浓度为 3% 的戊二醛溶液浸泡 1 h，取出后用去离子水清洗，用浓度为 12% 的单宁酸浸泡 2 h，取出后用去离子水清洗，自然晾干。

加固效果评估包含三项内容：一是利用光学显微镜和 SEM 观察皮革加固样表面形貌；二是采用 FTIR 法测试加固材料对皮革化学结构产生的影响；三是采用热分析技术（DSC 法）测试皮革加固前后的热稳定性。样品表面形貌观察使用基恩士中国有限公司生产的 VHX-600K 超景深三维显微镜和美国 FEI 公司生产的 FEI Quanta 650 扫描电子显微镜。红外光谱分析（FTIR）使用美国 Nicolet 公司生产的 Nicolet8700 傅里叶变换红外光谱仪，采用溴化钾压片法对皮革样品进行分析测试。数据采集参数分辨率为 4 cm^{-1}，扫描次数为 64 次，扫描范围为 4000～1000 cm^{-1}。使用 Origin 软件对红外光谱图进行处理，自动进行水气校正、平滑、基线校正。热分析使用日本岛津公司 DSC-60 差示扫描量热仪。在氮气气氛下测试，气体流速为 20 mL/min，温度从室温（25 ℃）加热至 260 ℃，升温速率为 10 ℃/min。

9.2　结果与讨论

9.2.1　皮浆组成成分

经检测，皮浆的水分含量为 58.2%，粗蛋白质含量为 22.68%，钙含量为

129 mg/kg,锌含量为 2 mg/kg。

9.2.2　影响因素分析

1. 钙镁离子浓度对皮浆膜机械性能的影响

在皮浆中添加钙镁离子进行不同水平试验,其目的是评估金属离子对加固材料成膜的影响。从图 9.1 可以看出,不添加钙镁离子的皮浆 A_1、添加较少量钙镁离子的皮浆 A_2、添加较大量钙镁离子的皮浆 A_3 的膜的抗张强度平均值呈递减趋势,而断裂伸长率呈递增趋势。

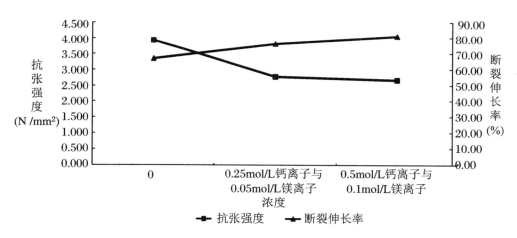

图 9.1　钙镁离子对机械性能的影响

当溶液中存在钙镁离子时,会干扰皮浆成膜过程,较高浓度的钙镁离子还会降低皮浆膜的抗张强度。钙镁离子能提高皮浆膜的断裂伸长率,但最终提升幅度有限。考虑到较高浓度钙镁离子对皮浆膜的抗张强度的负面影响很大,因此在加固糟朽皮革时不必在加固材料中额外添加钙镁离子。对于皮革本身含有的钙镁等金属离子,若含量很低,加固过程中可不予考虑;若含量很高,可通过清洗降低钙镁等金属离子的浓度。若条件不允许在加固前清洗,则可通过加大皮浆用量来降低钙镁等金属离子的浓度,减少其对加固过程的影响。

2. 戊二醛质量分数对皮浆膜机械强度的影响

戊二醛是一种常用的交联剂,可以加强大分子之间的作用,提高材料的强度,戊二醛与蛋白质反应具有反应快、结合量高、交联性能好的特点。戊二醛的醛基能与皮浆肽链上氨基以共价键相结合,形成化合物,生成的环状稳定结构,有较好的稳定交联效果,能提高皮浆蛋白膜的强度和对酸、热、酶的稳定性。戊二醛的水溶液在室温下和较广的 pH 范围内能与肽链上的氨基发生反应[8-10],这个特性非常适合用于加固文物。在用戊二醛作为胶原或胶原制取物开展成膜试验,以及作为制革中的交联剂时,推荐使用的质量分数从 0.2% 到 10% 不等[11],本试验选取范围为从 1% 到 5%。

从图 9.2 可以看出,戊二醛质量分数为 3% 时,皮浆膜的抗张强度达到最大值;戊二醛质量分数为 1% 时,皮浆膜的断裂伸长率最高。因此在加固试验中应首选 3% 的戊二醛溶液作为处理液;若希望加固样有较好的断裂伸长率,在抗张强度满足加固要求的前提下可选择 1% 的戊二醛溶液作为处理液。

在保存过程中,由于环境中温湿度的波动,皮革文物常发生热胀冷缩和湿胀干缩,适宜的抗张强度和断裂伸长率能够保持皮革文物良好的韧性,有利于消除热胀冷缩和湿胀干缩引起的皮革文物疲劳损伤,对延长皮革文物寿命有利。

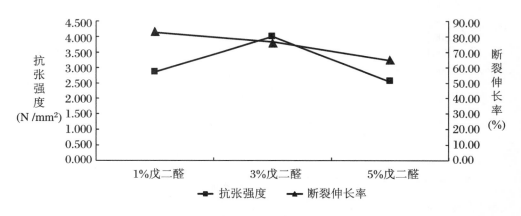

图 9.2 戊二醛对机械性能的影响

3. 单宁酸质量分数对皮浆膜机械性能的影响

从图 9.3 可以看出,单宁酸质量分数为 12% 时,试样的抗张强度水平均值最高;当单宁酸质量分数为 14% 时,试样的断裂伸长率最高。综合考虑抗张强度和断裂伸长率两个因素,加固糟朽皮革时应选质量分数为 12% 或 14% 的单宁酸溶液。

单宁能在皮浆肽链上产生多点氢键结合,在皮浆肽链间产生交联[12]。此外,疏水缔合也是单宁与皮浆肽链间的作用方式,且与氢键结合有协同作用[13]。单宁与皮浆作用的机理可能是:单宁首先以疏水键形式接近皮浆肽链,然后单宁的酚羟基与皮浆肽链的羟基、氨基、羧基发生多点氢键结合,在皮浆肽链间产生交联[14]。

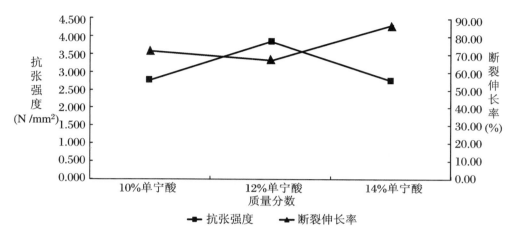

图 9.3　单宁酸对机械性能的影响

戊二醛与单宁的协同作用是试验中同时选取戊二醛和单宁对皮浆进行后期处理的理论基础[15]。戊二醛能与皮浆肽链上的氨基的共价键相结合,单宁能与皮浆肽链上的氢键结合,而戊二醛又能与单宁的苯环间产生反应从而加强皮浆肽链间的交联,使分散的皮浆肽链之间形成相互连接的网状结构,有利于皮革文物的结构稳定。

9.2.3　材料性能分析

抗张强度,又称抗拉强度、拉伸强度或扯断强度,表示单位面积的破碎力,是衡量皮革文物老化程度的基础指标之一。断裂伸长率是试样在拉断时的位移值与原长的比值;材料的断裂伸长率高,表明抗冲击时有一定的弹性伸长,不会立即脆断。这一性能指标对皮革文物很重要,因为对皮革文物进行加固处理后,还要对皮革文物进行整形,如果加固材料没有较高的断裂伸长率,耐冲击能力差,将不利于这一过程的进行,会影响皮革文物的修复效果。抗张强度和断裂伸长率测试结果平均值见表 9.3。

表 9.3　正交试验抗张强度和断裂伸长率测试结果平均值表

试验编号	抗张强度（N/mm²）	断裂伸长率（%）
1	3.231	61.40
2	5.807	54.97
3	2.742	83.99
4	3.008	92.23
5	3.239	78.48
6	2.091	57.24
7	2.330	95.47
8	2.960	94.12
9	2.719	52.82

　　图 9.4 为正交实验抗张强度和断裂伸长率的分布范围。结果显示，皮浆膜的抗张强度可达 5 N/mm² 以上，断裂伸长率可达 90% 以上，说明本方法制取的皮浆膜能满足加固糟朽皮革的要求。

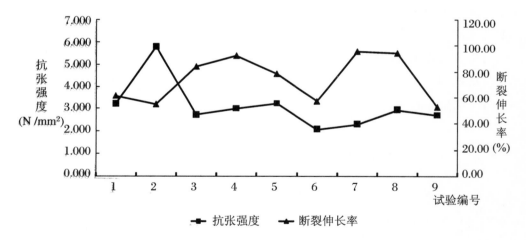

图 9.4　正交试验抗张强度和断裂伸长率测试值分布范围

　　马春辉等用从牛皮无铬废料制取的材料进行胶原蛋白成膜试验，所得的胶原蛋白膜（干燥）的抗张强度为 2.5 N/mm² 以下，断裂伸长率在 60% 以上[11]。李国英等用新鲜牛皮制取的材料进行胶原蛋白成膜试验，所得的胶原蛋白膜（干燥）的抗张强度为 $(58\pm5)N/mm^2$，断裂伸长率为 $(7.0\pm0.5)\%$[16]。使用市售 B 型明胶（由胶原制取）制得的明胶膜（干燥）的抗张强度为 $(36\pm4)N/mm^2$，断裂伸长率为 $(3.0\pm0.5)\%$。

从正交试验抗张强度和断裂伸长率测试平均值表中可以看出,皮浆膜抗张强度可达 5 N/mm² 以上,断裂伸长率可达 90% 以上,结果明显强于马春辉等制取的胶原蛋白膜。皮浆膜的抗张强度虽不及李国英等的胶原蛋白膜和明胶膜的 1/6,但断裂伸长率却比其高出 30 倍左右。综合评价来看,本试验制取的猪皮浆能满足加固皮革文物的要求。

9.2.4　材料防霉性能

图 9.5 为霉菌实验前后皮浆膜对比照片。可以看出,皮浆膜进行霉菌实验后未见明显霉菌生长,显示了良好的防霉性能。

图 9.5　皮浆膜霉菌实验前后

9.2.5　加固效果评估

1. 表面形貌观察

图 9.6、图 9.7 分别为人工老化皮革样品加固前后粒面、肉面的超景深显微照片。从图中可以看出:加固前,皮革颜色发黑,粒面略有收缩,可见少许褶皱,肉面纤维束细小,纤维束之间间隙较大,上面分布有少许孔洞;加固后,皮革颜色变浅,粒面变得平整、舒展,褶皱减少,肉面纤维束变粗且密实,纤维束之间间隙变小,上面孔洞明显减少。

图 9.8、图 9.9 分别为人工老化皮革样品加固前后皮革粒面、肉面的 SEM 图。从图中可以看出:加固前,皮革粒面毛孔呈空洞状态,毛孔四周凹陷,肉面纤维束细小干瘪,纤维束之间排列松散,存在较大间隙和空洞。加固后,皮革粒

面毛孔饱满凸起,肉面纤维束变得圆实,纤维束之间排列致密,相互簇拥在一起,几乎见不到间隙和空洞。

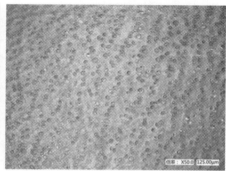

(a) 加固前　　　　　　　　　　　　　　(b) 加固后

图 9.6　人工老化皮革样品粒面超景深显微照片

(a) 加固前　　　　　　　　　　　　　　(b) 加固后

图 9.7　人工老化皮革样品肉面超景深显微照片

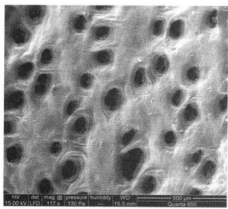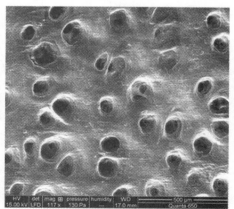

(a) 加固前　　　　　　　　　　　　　　(b) 加固后

图 9.8　人工老化皮革样品粒面 SEM 图

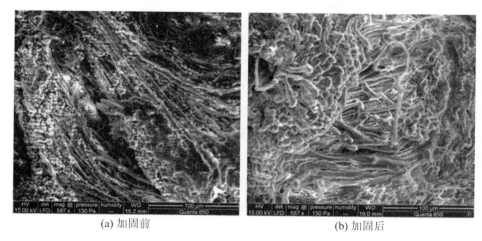

(a) 加固前　　　　　　　　　　　　(b) 加固后

图 9.9　人工老化皮革样品肉面 SEM 图

2. FTIR 分析

图 9.10 为人工老化皮革样品加固修复前后红外光谱图（书后附有彩图）。从图中可以看到，人工老化皮革样品修复后与修复前相比发生了非常明显的变化：首先，酰胺 A、酰胺 Ⅰ、酰胺 Ⅱ、酰胺 Ⅲ 带在谱峰强度上均有所增加；其次，酰胺 A 的吸收峰向低频率发生了移动；再次，修复后皮革红外光谱图在 $1034\ cm^{-1}$ 处出现了强吸收峰，是 C—O 伸缩振动所产生的吸收峰，表明碳氧单键增加。

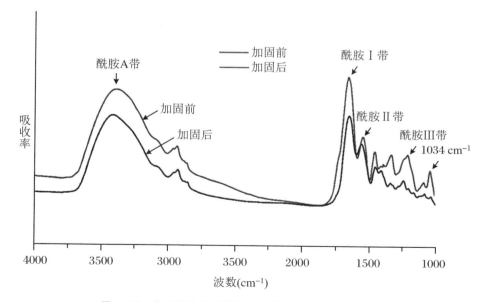

图 9.10　人工老化皮革样品加固修复前后红外光谱图

由于实验采用主要成分为胶原蛋白的皮浆作为加固材料,其组成和结构与皮革具有同源性,因此皮革加固后红外光谱图上谱峰的位置与加固前基本一致,仍是典型的胶原蛋白红外特征吸收峰。酰胺 A 吸收强度的增加表明胶原蛋白分子内和分子间缔合氢键增加,氢键是稳定胶原蛋白螺旋结构的主要作用力,其数量的增加可以提高胶原蛋白结构的稳定性。酰胺 Ⅰ、酰胺 Ⅱ 带谱峰强度的增加表明修复处理增加了羰基中碳氧双键的相对强度,将碳氧单键变成了碳氧双键[3]。修复前酰胺 A 的特征峰位于 3412 cm⁻¹ 处,而修复处理后胶原蛋白酰胺 A 的特征峰移动到 3390 cm⁻¹ 处,谱峰位置移动幅度较大,这表明含有 N—H 基团的分子肽段参与了氢键的形成,氢键的缔合使其伸缩振动频率向低波数方向移动[17]。

将样品谱图进行基线校正处理后,计算现代皮革样品、人工老化皮革样品和老化加固皮革样品的 1239/1450 cm⁻¹ 吸光度强度比值,具体数值见表 9.4。可以看到,人工老化皮革样品吸光度比值为 0.52,老化加固皮革吸光度强度比值为 1.08,老化皮革经加固处理后吸光度比值有了大幅提高,与现代皮革样品接近。有学者认为吸光度强度比值大约为 1 则表明三股螺旋结构完整[18,19],本研究结果表明保护修复处理恢复了劣化皮革胶原蛋白三股螺旋结构。

表 9.4　现代皮革样品、人工老化皮革样品和老化加固皮革样品
1239/1450 cm⁻¹ 吸光度比值

样品	现代皮革样品	人工老化皮革样品	老化加固皮革样品
吸光度比值	1.01	0.52	1.08

3. 热稳定性测试

皮革的变性温度是衡量其热稳定性的一个重要参数,它反映了皮革在受热、光等外界环境影响下胶原蛋白发生的物理和化学变化。变性温度与胶原蛋白的结构和完整性相关,变性温度的升高或降低说明皮革结构和性能的变化。胶原分子三股螺旋结构遭到破坏,热稳定性下降,变性温度降低[20]。图 9.11 为现代皮革样品、人工老化皮革样品和老化加固皮革样品 DSC 曲线图(书后附有彩图)。从图中可见所有样品在 19～120 ℃ 温度段均出现了一个显著的吸热峰,是由于胶原蛋白发生热变性产生的,吸热峰最大值对应的温度为变性温度(T_d)[21,22]。从图中可知,现代皮革样品变性温度为 65 ℃,人工老化皮革样品变性温度为 55 ℃,皮革老化后变性温度下降了 10 ℃,证明皮革在老化过程中

热稳定性下降。而老化加固皮革样品变性温度为 63 ℃,较修复前升高了8 ℃,表明保护材料有效提高了老化皮革样品的热稳定性。老化的皮革经历了胶原和单宁结合体的分解、脱鞣以及胶原蛋白变性等过程[23]。胶原蛋白多肽链的氧化和水解使得变性温度降低。当劣化发生后,皮革的变性温度随之降低[24]。变性温度的降低意味着皮革力学强度的减弱[25]。变性温度受到皮革种类、鞣制工艺、水含量等各种不同因素影响[21],增加胶原分子内和分子之间的交联可以提高变性温度,使胶原蛋白更加稳定[20]。

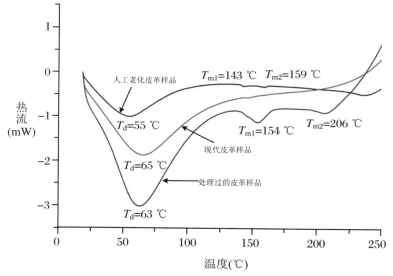

图 9.11　老化皮革样品加固前后 DSC 曲线图

T_d:变性温度;T_m 熔解温度

从图 9.11 中还可以看到,人工老化皮革样品在高温度段 140～165 ℃出现了两个较窄的弱吸热峰,分别对应熔解温度 T_{m1}（143 ℃）和 T_{m2}（159 ℃）,这两个吸热峰与胶原蛋白结晶区的熔解有关,是由于胶原分子之间的交联作用被破坏,胶原蛋白结晶区稳定性下降造成的[25]。经胶原溶液修复后的皮革在140～220 ℃温度段出现的两个吸热峰分别对应熔解温度 T_{m1}（154 ℃）和 T_{m2}（206 ℃),老化皮革样品加固后熔解温度较加固前分别提高了 11 ℃和 47 ℃。皮革的热稳定性与胶原蛋白存在的结晶区有关系,增加胶原分子之间的交联可以使胶原蛋白结晶区更稳定[24],熔解温度也随之提高[26]。皮革熔解温度越高,则代表其热稳定性越好[22]。皮革的热稳定性还与鞣剂有关,鞣剂单宁与胶原蛋白之间交联的数量和结合的力度对皮革的热性能影响非常显著,鞣剂可以增加胶原蛋白分子之间的交联。不同鞣剂对胶原蛋白稳定性的影响各不一样。与铝鞣革相比,植物鞣剂单宁中的植物多酚使胶原蛋白分子之间发生交联的数量更多[21]。现代皮革在上述温度段未出现吸热峰是因为现代皮革尚未老化或是老化程度不深,胶原蛋白保持着较高的交联程度[27]。

本研究中使用了3%质量分数的戊二醛溶液和12%质量分数的单宁酸处理经过皮浆液浸泡的人工老化皮革。戊二醛有较好的稳定的交联效果,经戊二醛交联后的胶原蛋白其热稳定性可以显著提高[28]。单宁可以在胶原蛋白肽链间产生交联[14]。此外,戊二醛与单宁的协同作用使分散的胶原蛋白肽链之间形成了相互连接的结构[15],从而增加了胶原蛋白结构的稳定性[25]。因此,老化皮革加固后变性温度和熔解温度得以提高。

本 章 小 结

本章以动物皮为原料制备了皮浆作为加固材料,对人工老化皮革进行了加固实验,并对加固效果进行了评估。经测试,加固材料的抗张强度和断裂伸长率分别可以达到5 N/mm² 和90%以上,两个方面的指标都能满足加固皮革文物的要求。综合考虑抗张强度和断裂伸长率两方面因素,处理剂戊二醛首选3%质量分数的溶液,单宁酸首选12%质量分数的溶液。钙镁等金属离子对加固效果不会产生重大负面影响。光学显微镜和扫描电镜观察结果表明,保护处理可以使皮革表面颜色变浅,并且处理后的皮革外表不发黏、不油腻。皮革粒面变得平整、舒展,褶皱减少,肉面胶原纤维变得圆实饱满,纤维束之间排列致密,几乎见不到间隙和空洞。红外光谱(FTIR)和热分析(DSC)测试结果表明,加固处理后的皮革一定程度上恢复了胶原蛋白三股螺旋结构,在提高胶原蛋白结构稳定性的同时,皮革热稳定性也得到了改善。

制备的加固材料皮浆非常适用于对糟朽皮革的保护修复,皮浆与皮革具有同源性,可以与糟朽皮革良好结合,补充皮革中流失的胶原蛋白,恢复皮革原有的微观结构。本研究成功将胶原蛋白用于糟朽皮革的加固保护中,为皮革文物的保护提供了一个行之有效的方法。

参 考 文 献

［1］　RABEE R，ALI M F，FAHMY A G A，et al. Preservation of archaeological leather by reinforcement with styrene butadiene rubber［C］. Switzerland：Trans Tech Publications，2015(1064)：15-20.

［2］　KITE M，THOMSON R. Conservation of leather and related materials［M］. London：Routledge，2006：121-129.

［3］　HASSAN R R A. A preliminary study on using linseed oil emulsion in dressing archaeological leather［J］. Journal of Cultural Heritage，2016(21)：786-795.

［4］　ȘENDREA C，LUCREȚIA M I U，CRUDU M，et al. The influence of new preservation products on vegetable tanned leather for heritage object restoration［J］. Revista de Pielărie Încăl ăminte，2017(17)：1.

［5］　DIENST E V. Some remarks on the conservation of wet archaeological leather［J］. Studies in Conservation，1985，30(2)：86-92.

［6］　汪建根,张新强,杨奎.胶原蛋白改性及其应用研究的进展［J］.中国皮革,2007(5):52-55.

［7］　SEBESTYÉN Z，CZÉGÉNY Z，BADEA E，et al. Thermal characterization of new，artificially aged and historical leather and parchment［J］. Journal of Analytical and Applied Pyrolysis，2015(115)：419-427.

［8］　崔运利,杨柳.胶原蛋白化学交联技术的研究进展［J］.重庆医学,2010(20):2790-2792.

［9］　公维菊,李国英.胶原交联改性的研究现状［J］.皮革化工,2007(5):21-25,30.

［10］　李临生,张淑娟.戊二醛与蛋白质反应的影响因素和反应机理［J］.中国皮革,1997(12):6-10.

［11］　马春辉,舒子斌,王碧,等.胶原蛋白膜的制作工艺及其对强度性质的影响研究［J］.中国皮革,2001(9):32-34.

［12］　陈武勇,李国英.鞣制化学［M］.北京:中国轻工业出版社,2005:156-157.

［13］　HASLAM E. Vegetable tannins-renaissance and reappraisal. ［J］. Society of Leather Technologists and Chemists，1988(72)：45-64.

［14］　石碧,何先祺,张敦信,等.植物鞣质与胶原的反应机理研究［J］.中国皮革,1993(8):26-31.

［15］　石碧,狄莹.植物单宁在制革工业中的应用原理［J］.皮革科学与工程,1998(3):8-32.

［16］　李国英,张忠楷,雷苏,石碧.胶原、明胶和水解胶原蛋白的性能差异［J］.四川大学学报(工程科学版),2005(4):54-58.

[17] DOYLE B B, BENDIT E G, BLOUT E R. Infrared spectroscopy of collagen and collagen-like polypeptides[J]. Biopolymers, 1975, 14(5): 937-957.

[18] GOISSIS G, MARCANTONIO E, MARCANTÔNIO R A C, et al. Biocompatibility studies of anionic collagen membranes with different degree of glutaraldehyde cross-linking[J]. Biomaterials, 1999, 20(1): 27-34.

[19] GUZZI P A M D, GOISSIS G, DAS-GUPTA D K. Dielectric and pyroelectric characterization of anionic and native collagen[J]. Polymer Engineering & Science, 1996, 36(24): 2932-2938.

[20] CHAHINE C. Changes in hydrothermal stability of leather and parchment with deterioration: a DSC study[J]. Thermochimica Acta, 2000, 365(1,2): 101-110.

[21] ONEM E, YORGANCIOGLU A, KARAVANA H A, et al. Comparison of different tanning agents on the stabilization of collagen via differential scanning calorimetry[J]. Journal of Thermal Analysis and Calorimetry, 2017, 129(1): 615-622.

[22] BADEA E, DELLA G G, BUDRUGEAC P. Characterisation and evaluation of the environmental impact on historical parchments by differential scanning calorimetry[J]. Journal of Thermal Analysis and Calorimetry, 2011, 104(2): 495-506.

[23] CARŞOTE C, BADEA E, MIU L, et al. Study of the effect of tannins and animal species on the thermal stability of vegetable leather by differential scanning calorimetry[J]. Journal of Thermal Analysis and Calorimetry, 2016, 124(3): 1255-1266.

[24] CHAHINE C, ROTTIER C. Study on the stability of leather treated with polyethylene glycol[C]. Amsterdam:ICOM. 1997: 77.

[25] BUDRUGEAC P, MIU L. The suitability of DSC method for damage assessment and certification of historical leathers and parchments[J]. Journal of Cultural Heritage, 2008, 9(2): 146-153.

[26] ERSHAD-LANGROUDI A, MIRMONTAHAI A. Thermal analysis on historical leather bookbinding treated with PEG and hydroxyapatite nanoparticles[J]. Journal of Thermal Analysis and Calorimetry, 2015, 120(2): 1119-1127.

[27] BUDRUGEAC P, CARŞOTE C, MIU L. Application of thermal analysis methods for damage assessment of leather in an old military coat belonging to the history museum of braşov—Romania[J]. Journal of Thermal Analysis and Calorimetry, 2017, 127(1): 765-772.

[28] TIAN Z, WU K, LIU W, et al. Two-dimensional infrared spectroscopic study on the thermally induced structural changes of glutaraldehyde-crosslinked collagen[J]. Spectrochimica Acta Part A: Molecular and Biomolecular Spectroscopy, 2015(140): 356-363.

硬化皮革文物的回软研究

⊙ 实验

⊙ 结果与讨论

　　皮革文物由于各种不良因素的综合作用,发生脱水、脱脂、霉变等变化,其主要成分胶原蛋白纤维和弹性蛋白纤维也发生了严重变性,使皮革变得异常僵硬,不利于文物长期保存[1,2]。皮革文物经历的时间远长于现代普通皮革制品,所处环境更是具有很大差异,而且不同时期的制作工艺与现代均不相同。在皮革文物保护实施中发现,现代普通皮革使用的浸水、脱灰、削里、脱脂及水洗、软化、鞣制、后期整理与染色等[2-4],很难对古代皮革的保护起到作用。同时,皮革文物经过了一些处理,一定程度上已属于成品,这也给皮革文物的保护带来了一定影响。本章以硬化皮革为研究对象,利用物理、化学以及生物学等各种技术,对明代皮革文物残块进行了清洗、软化、补水、加脂等保护处理,结果表明:保护处理可以补充皮革文物流失的水分和脂类物质,有效改善皮革文物的柔软度、弹性等机械性能,达到了一定的保护效果,为硬化皮革文物的保护修复奠定了基础。

10.1　实　　验

　　实验材料为明代皮革文物残片。主要实验试剂有胰酶、甘油、酒精、加脂剂、软化剂、蒸馏水。实验仪器有恒温箱、水浴锅。实验方法介绍如下:

1．表面清洗

皮革文物表面污渍大多为尘土和已发生霉变的残留有机物。本研究选择了对有机物具有较好分解效果的胰酶作为清洗剂，在胰酶的最适温度（37 ℃）下完成清洗实验。具体操作步骤为：

（1）将残块放入烧杯，加入 3 倍于残块体积的 37 ℃蒸馏水，再加入 0.1 倍体积的胰酶，调整 pH 为 8。

（2）将烧杯放入水浴锅，水浴锅调至 37 ℃，水浴 15 min，用软毛刷子刷洗皮革。根据清洗效果，可选择重复操作（1）。

（3）用蒸馏水漂洗皮革直至水的 pH 为中性，除去皮革上剩余的清洗剂。

2．软化

由于皮革文物中蛋白纤维空间较小，有的纤维甚至发生严重变性，使皮革文物变得异常坚硬，因此皮革的软化非常关键。具体操作步骤为：

（1）将完成清洗的皮革残块浸泡于软化剂中，置于 37 ℃水浴锅或 37 ℃恒温箱，软化 1～2 h。

（2）可根据皮革的不同状况适当增加或减少浸泡时间。

3．补水

由于皮革文物年代久远，发生了非常严重的脱水现象。水分的含量对维持皮革的性能和外观具有不可替代的作用，温水的浸泡可以扩大干硬皮革内部纹理的间距，使其更接近原来的厚度进而变得柔软，在一定程度上恢复了皮革本身的机械性能。具体操作步骤为：

（1）将皮革浸泡在蒸馏水中，置于 37 ℃恒温箱 24 h。

（2）一般情况下，24 h 能使皮革达到较好的软化效果和较高的含水量，实际应用中可根据不同的皮革状况适当增加或减少浸泡时间，在浸泡过程中须多次搓揉皮革，保证充分补水。

4．脱水

脱水是为了除去加入的过多的水分，空出皮革内部的部分空间，使皮革变得更加蓬松柔软，为下一步油脂能够充分进入皮革奠定基础。具体操作步骤为：

（1）将软化后的皮革置于 50%质量分数的乙醇溶液中，浸泡 10 min 左右，浸泡时适当搅动溶液，使皮革中的部分水分溶入乙醇溶液，充分发挥乙醇溶液的脱水作用。

（2）将皮革置于 70% 质量分数的乙醇溶液中，浸泡 8 min，适当搅动溶液。

（3）将皮革置于 100% 质量分数的乙醇中浸泡。

注意观察皮革状态，防止脱水过度。脱水到一定程度后，皮革会发白，尤其是边缘部分，而且边缘更蓬松，厚度比其他部分稍厚。当皮革中间部分也有发白趋势时，即可停止脱水。

（4）取出，待乙醇基本挥发干净，皮革稍干燥后，即进入下一步操作，注意不能晾太久。

5. 加甘油

皮革含有一定量的水分后，即使处于室内湿度较大的环境中，水分也极易蒸发，皮革就会重新变得干硬，所以如何让其保住水分就显得尤为重要。甘油具有非常好的保水效果，同时甘油的油脂性质可以替代皮革丢失的脂质，对恢复皮革本身的状态有很好的帮助。甘油无色无味，污染小，不会改变皮革本身的颜色和性质，对环境和人体影响小。具体操作步骤为：常温下将皮革浸入 20% 质量分数的甘油溶液（因为 20% 质量分数的甘油保水和吸水效果最好，而且 20% 质量分数的甘油对皮革的防菌防霉很有益处，利于文物的日常维护）。

6. 加脂

为了保持皮革的软化效果或使其保持现有状态不至于进一步硬化，可在添加甘油的基础上为皮革涂上一层保护层，使皮革内部保持一定的水分，增加软化效果。具体操作步骤为：在皮革表面涂上一层加脂剂，干燥后再涂一层，反复多次，使皮革表面增加一层保护膜，之后将皮革放置阴凉干燥处。

10.2 结果与讨论

皮革文物变硬的主要原因包括纤维变性使其结构发生变化和水分散失过多，本试验通过增加纤维之间的空间结构，提高其含水量和含脂量达到保护皮革文物的目的。本试验对皮革处理前后水含量、油脂含量和处理后甘油含量进行了测定，结果如下：

1. 水含量

取处理前和处理后的皮革,置于 95～100 ℃烘箱中脱水,每隔 45 min 取出一次,至称量结果比上一次减少量低于 2 mg,最后一次的质量即为脱水后的质量(见表 10.1)。

表 10.1 残块处理前后水含量变化

样品序号		干燥前质量(g)	干燥后质量(g)	水含量(%)	平均值(%)
处理前	1	1.5874	1.3668	13.90	
	2	1.4623	1.2741	12.87	13.33
	3	1.7564	1.5244	13.21	
处理后	1	2.6650	2.0935	21.44	
	2	1.3305	1.0624	20.15	20.10
	3	1.2531	1.0186	18.71	

2. 总油脂含量

取适量处理前和处理后的皮革,研磨成粉末,称量后置于干燥试管中,加入约 10 倍体积的乙醚。封住试管口,摇晃使之适当混合。置于阴凉处 24 h,吸取上层乙醚后,加入新的乙醚,共换洗两次。除去乙谜后称重,如表 10.2 所示。

表 10.2 残块处理前后总油脂含量变化

样品序号		萃取前质量(g)	萃取后质量(g)	总油脂含量(%)	平均值(%)
处理前	1	0.3676	0.3526	4.08	
	2	0.4265	0.4089	4.13	4.08
	3	0.4129	0.3963	4.03	
处理后	1	0.9104	0.8066	11.40	
	2	0.8924	0.7849	12.05	11.40
	3	1.3254	1.1828	10.76	

3. 增加的甘油含量

处理后的皮革经干燥,剩余的质量减去处理前经干燥的皮革质量(见表 10.3)。

表 10.3　残块处理前后甘油含量

样品序号	处理前质量(g)	处理后质量(g)	干燥后质量(g)	甘油含量(%)	平均值(%)
1	1.8794	2.6466	2.0935	8.09	
2	1.5605	2.1377	1.7123	7.10	7.67
3	1.3730	1.9368	1.5243	7.81	

　　从实验数据可以看出,处理后皮革文物残块水含量由 13.33% 提高到 20.10%,总油脂含量由 4.08% 提高到 11.40%。水含量和总油脂含量的提高,说明皮革文物流失的水分和脂类物质得以有效补充,这对恢复皮革胶原蛋白纤维和弹性蛋白纤维的基本性能至关重要,也是皮革文物空间结构和组成得以改善的有力证明。经过清洗、软化、补水、加脂处理的明代皮革文物残块,整体视觉清洁许多,并在柔软度、弹性、厚度等机械性能方面都有明显改善(图 10.1)。将处理过的皮革放置于室外阳光下晾晒和阴凉通风的室内环境中数月,以观察其失水和硬度变化。在近 3 个月的观察过程中,放置于室内的皮革依然能保持较好的软化状况,水分流失很少,皮革软化良好。放置室外阳光下的皮革水分有所丢失,其他机械性能也有所降低,其硬度较前者增加,但总体状况依然明显好于未处理的皮革。

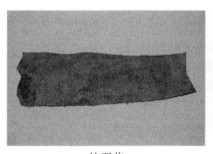

处理前　　　　　　　　　　　　　　　处理后

图 10.1　处理前后效果比较

本 章 小 结

从本章的研究结果可以看出，对于古代硬化的皮革文物，采用胰酶、软化剂、甘油和加脂剂进行表面清洗、软化、补水、加脂等处理，可以一定程度上恢复皮革的基本特性，为皮革文物的长期保存、研究和展示奠定基础，同时对皮革文物保护的深入研究具有一定的借鉴价值。由于条件限制，本实验没有对皮革来源于何种动物进行鉴定，对其本身在制作时经过了何种处理也未作考证。所以当修复的皮革种类较多时，不排除由于材质和最初处理工艺的不同，会对不同皮革的修复带来不同的结果。

参 考 文 献

［1］ 孙晓强.霉蚀皮革文物的保护[J].文物世界,2002(5):67-71.
［2］ 靳立强.我国皮革化学品的发展综述[J].山东化工,2000(5):15-18.
［3］ 李桂菊.酶制剂在生态皮革中的应用[J].西部皮革,2004(4):40-43.
［4］ 范贵堂.特种皮革制作[J].皮革化工,2005(4):30-32.

后　记

　　本书的写作得到了中国科学技术大学龚德才教授的精心指导,亦得到了王丹华先生、陆寿麟先生、黄克忠先生等著名文物保护专家的指教;吴顺清研究员、方北松研究员、陈光利教授给予我极大的支持;中国科学技术大学秦颖教授、华中农业大学伍晓雄教授、中山大学王宏教授、湖北省考古所冯少龙研究员对本书的撰写给予了宝贵的意见和建议。中国科学技术大学理化中心刘文奇、王雨松、王成名、尹浩等老师在实验设计和数据分析等方面提供了大力支持。李力、杨弢、刘雪刚、魏彦飞、张晓宁等在文献资料收集整理、检测数据分析等方面做了大量工作。

　　本书的出版得益于众多老师、同仁、朋友的关心和支持,除了前面提到的各位老师、同学、同事之外,还得到李化元教授、铁付德教授、黄继忠教授、杨军昌教授的关心和帮助,以及荆州文物保护中心各位同仁和中国科学技术大学文物保护基础研究中心同学们的支持和帮助,在此表示最诚挚的谢意。由于笔者水平有限,疏漏之处在所难免,敬请读者批评指正。

彩　　图

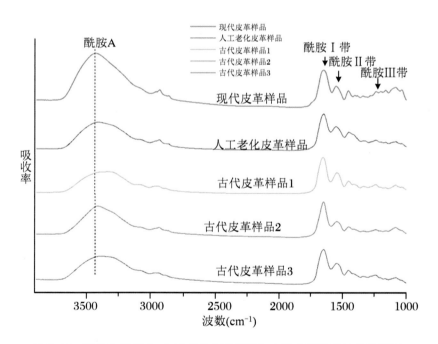

图 7.10　现代皮革样品、人工老化皮革样品和古代皮革样品红外光谱图

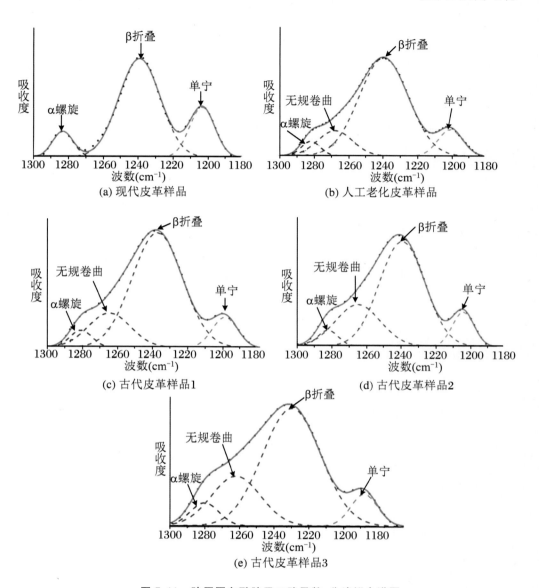

图 7.11 胶原蛋白酰胺Ⅲ二阶导数、分峰拟合谱图

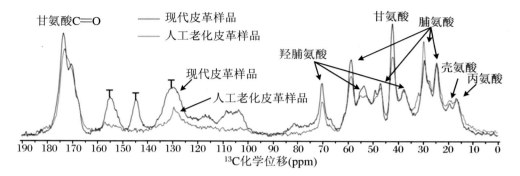

图 7.15　现代皮革样品和人工老化皮革样品核磁共振交叉极化魔角旋转碳谱谱图

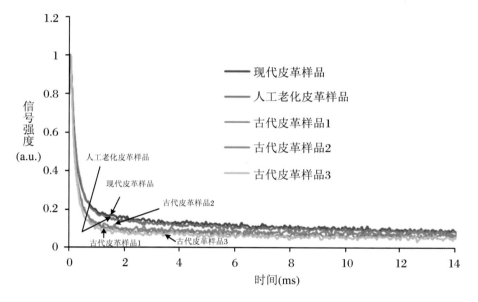

图 7.16　现代皮革样品、人工老化皮革样品和古代皮革样品核磁共振氢核弛豫衰减数据拟合图

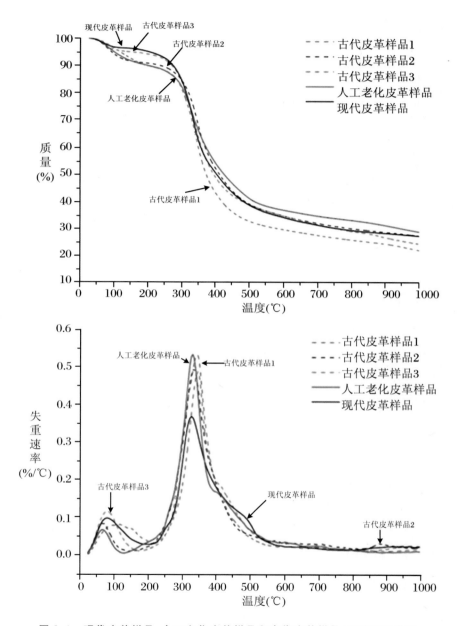

图 8.1　现代皮革样品、人工老化皮革样品和古代皮革样品 TG/DTG 曲线

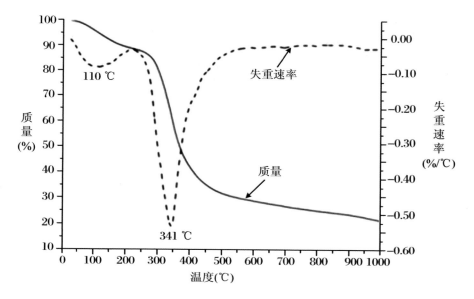

图 8.4　古代皮革样品 1 TG/DTG 曲线

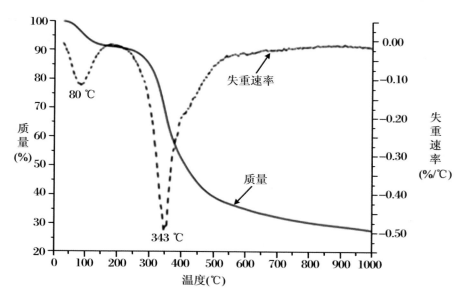

图 8.5　古代皮革样品 2 TG/DTG 曲线

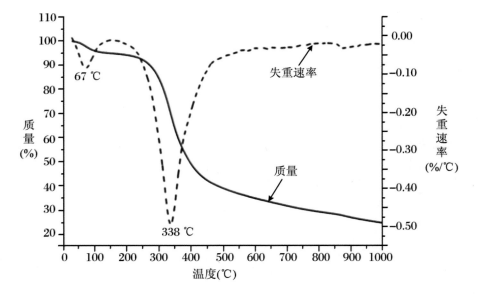

图 8.6　古代皮革样品 3 TG/DTG 曲线

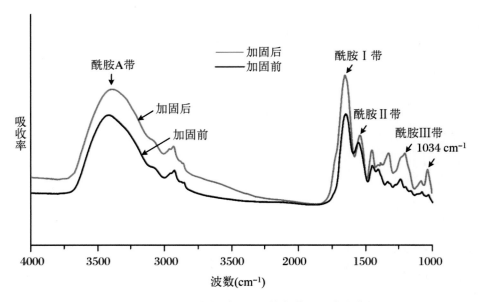

图 9.10　人工老化皮革样品加固修复前后红外光谱图

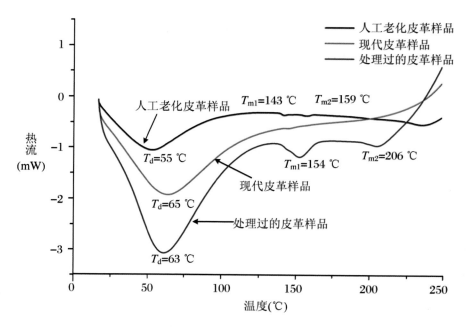

图 9.11　老化皮革样品加固前后 DSC 曲线图

T_d：变性温度；T_m 熔解温度

实 物 图

图 1　新疆哈密五堡墓地出土皮大衣（距今约 3200 年，哈密市博物馆严枫供图）

图 2 **新疆小河墓地出土皮靴**（公元前 20 世纪～公元前 15 世纪，新疆文物考古研究所康晓静供图）

图 3 **湖北江陵藤店一号墓出土皮手套**（公元前 475 年～公元前 221 年，荆州博物馆肖璇供图）

革带:长 135 cm,宽 9.5 cm,厚 0.2 cm　　带钩:长 24.5 cm,宽 0.6~2.5 cm

图 4　湖南郴州桂门岭战国墓出土皮带(郴州市博物馆胡仁亮供图)

图 5　新疆哈密五堡墓地出土漩涡纹皮盒(公元前 1100 年～公
元前 700 年,新疆文物考古研究所康晓静供图)

图6 新疆小河墓地出土皮囊（公元前20世纪～公元前15世纪，新疆文物考古研究所康晓静供图）

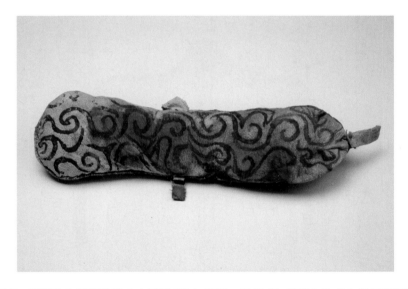

图7 新疆胜金店墓地出土皮臂韝（距今2200～2050年，新疆文物考古研究所康晓静供图）

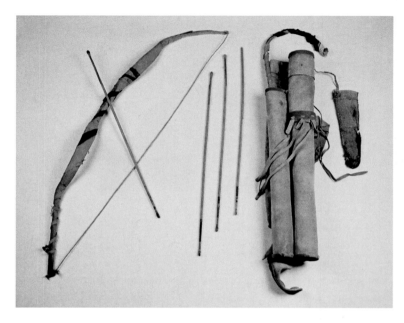

图 8　新疆民丰尼雅墓地出土弓、箭、箭服（汉朝至晋朝，新疆文物考古研究所康晓静供图）

图 9　新疆阿勒泰布尔津博物馆馆藏皮大衣（清代，新疆博物馆陈龙供图）